3D

打印一起学

123D
DESIGN

沈 冰 施侃乐 李冰心 江小才 编著

U0295336

上海交通大学出版社
SHANGHAI JIAO TONG UNIVERSITY PRESS

内容提要

本书是学习 3D 打印、3D 打印建模的入门进阶书。介绍了 3D 打印技术发展史、Neobox 3D 打印机、3D 打印材料。并以 Autodesk 公司的 3D 建模软件 123D Design 为工具,用通俗易懂的语言,系统、全面地讲解了 3D 打印模型的制作方法。

本书分三编共 16 章:第 1 编(第 1～4 章)介绍了 3D 打印技术发展史、3D 打印机、3D 打印材料,并引入 123D Design 建模软件;第 2 编(第 5～14 章)从实际应用出发,通过大量的实例,详细讲解了运用 123D Design 软件构建 3D 打印模型的技术;第 3 编(第 15～16 章)介绍了如何利用 123D Design 在线模型库组装 3D 打印模型。

本书可作为中职学校和培训机构的教材使用,也适合中小学、中职学校学生和 3D 打印爱好者自学 3D 打印模型的制作技术。

图书在版编目(CIP)数据

3D 打印一起学:123D Design/ 沈冰等编著. —上海:上海交通大学出版社,2017(2021 重印)
ISBN 978-7-313-17364-5

Ⅰ. 3… Ⅱ. 沈… Ⅲ. 立体印刷—印刷术 Ⅳ. TS853

中国版本图书馆 CIP 数据核字(2017)第 142661 号

3D 打印一起学——123D Design

编　　著:沈冰等	
出版发行:上海交通大学出版社	地　　址:上海市番禺路 951 号
邮政编码:200030	电　　话:021-64071208
印　　制:上海天地海设计印刷有限公司	经　　销:全国新华书店
开　　本:787mm×1092mm　1/16	印　　张:10.5
字　　数:243 千字	
版　　次:2017 年 7 月第 1 版	印　　次:2021 年 8 月第 3 次印刷
书　　号:ISBN 978-7-313-17364-5	
定　　价:38.00 元	

前　言

　　3D打印(又称"增材制造")是快速成型技术的一种,它是一种以数字模型文件为基础,运用粉末状金属或塑料等可粘合材料,通过逐层打印的方式来构造物体的技术。作为一项前沿性的先进制造技术,3D打印正快速地改变着人们的生产和生活,在教育、医学、建筑等领域发挥着越来越重要的作用。

　　在全球3D打印兴起的大背景下,3D打印技术也在国内外作为培养学生创新能力的重要工具推广开来。国内中小学、职校和大中专院校等纷纷引入3D打印机,开设3D打印课程,成立3D打印社团,开展3D打印相关的教育活动。2015年2月,工信部、发改委、财政部联合发布了《国家增材制造产业发展推进计划(2015—2016年)》,意在抢抓新一轮科技革命和产业变革的重大机遇,加快推进我国增材制造产业健康有序发展。推进计划同时提出:组织实施学校增材制造技术普及工程,在学校配置增材制造设备及教学软件,开设增材制造知识的教育培训课程,培养学生创新设计的兴趣、爱好、意识。

　　目前国内专门介绍3D打印技术以及3D打印模型制作的教材尚处于空白状态,本书的编写旨在抛砖引玉,为推动国内中小学和职业学校3D打印技术的普及教育起到积极的作用。

　　本书是3D打印技术和3D打印模型制作的入门进阶教材,以Autodesk公司的3D建模软件123D Design为工具,系统、全面地讲解了3D打印模型的制作方法。本书的编写包含了以下特点:

　　(1) 内容丰富,本书的实例涵盖了123D Design软件的所有功能模块。

　　(2) 讲解详细,通俗易懂,条理清晰,图文并茂,使初学者能够通过自学独立掌握本书内容。

　　(3) 写法独特,采用123D Design软件中真实的按钮、图标和对话框等进行实例讲解,使初学者能直观准确地操作软件,提高学习效率。

　　(4) 突出实用性和可操作性,每一章节都配有实例,供读者练习,巩固所学内容。

　　本书由上海市实验学校东校沈冰主编,北京清软海芯科技有限公司施侃乐,上海海挚心科技有限公司李冰心、江小才参与共同编写。由于水平有限,书中尚存在一些错误和不足之处,恳请广大读者批评指正。

目　　录

第1编　神奇的3D打印

第2编　Autodesk 123D Design 建模软件

第 3 编　利用 Autodesk 123D Design 在线模型库装配模型

第 1 编　神奇的 3D 打印

第1章　3D 打印的奥秘

3D 打印，又称增材制造技术，是快速成型技术的一种，它是一种以数字模型文件为基础，运用粉末状金属或塑料等可粘合材料，通过逐层打印的方式来构造物体的技术。

3D 打印通常是采用数字技术材料打印机来实现的。常在模具制造、工业设计等领域被用于制造模型，后逐渐用于一些产品的直接制造，已经有使用这种技术打印而成的零部件。该技术在珠宝、鞋类、工业设计、建筑、工程和施工（AEC）、汽车、航空航天、牙科和医疗产业、教育、地理信息系统、土木工程、枪支以及其他领域都有所应用。

1.1　3D 打印发展简史

1984 年，Charles Hull 在一家公司工作时产生 3D 打印的想法的。这家公司用紫外线使桌面涂料快速固化，他想，何不直接用这些材料来制造立体的东西？于是他将这种用瞬间固化的液体"打印"物体的技术取名光固化成型 Stereo Lithography Apparatus(SLA)。

1986 年，Charles Hull 创立了第一家专注发展 3D 打印技术的公司 3D Systems，并随后发布了第一款商用 3D 打印机。

1988 年，Scott Crump 发明了另外一种 3D 打印技术——熔融沉积成型（FDM），利用蜡、ABS、PC、尼龙等热塑性材料来制作物体，并于 1989 年成立 Stratasys 公司。

1989 年，C. R. Dechard 博士发明了选区激光烧结技术（SLS），利用高强度激光将尼龙、蜡、ABS、金属和陶瓷等材料粉烧结成形。

1993 年，麻省理工学院（MIT）教授 EmanuaI Sachs 创造了三维打印技术（3DP），将金属、

图 1-1　Charles Hull

陶瓷的粉末通过粘接剂粘在一起成形。

1995 年,美国 Z Corporation 公司获得 MIT 授权开发 3D 打印机。

1996 年,媒体第一次使用了"3D 打印机"的称谓。

2010 年 11 月,第一台用巨型 3D 打印机打印出整个身躯的轿车出现。

2011 年 8 月,世界上第一架 3D 打印飞机由英国南安普敦大学的工程师创建完成。

2012 年 3 月,美国总统奥巴马在卡内基梅隆大学宣布创立美国"制造创新国家网络"计划。由政府主导、联邦政府和工业部门共同斥资 10 亿美元逐步建立 15 个"制造创新中心",组成创新网络。

2012 年 4 月,英国《经济学人》刊文《第三次工业革命》,认为 3D 打印技术将与其他数字化生产模式一起,推动第三次工业革命。

2012 年 8 月,美国"国家增材制造创新中心"成立,号称要成为增材制造技术全球卓越中心并提升美国制造全球竞争力。

2015 年 2 月,中华人民共和国工业和信息化部、国家发展和改革委员会、财政部联合发布《国家增材制造产业发展推进计划(2015—2016 年)》。

计划中也明确提出:组织实施学校增材制造技术普及工程。在学校配置增材制造设备及教学软件,开设增材制造知识的教育培训课程,培养学生创新设计的兴趣、爱好、意识,在具备条件的企业设立增材制造实习基地,鼓励开展教学实践。

1.2　3D 打印的应用

3D 打印,到底能做什么?看看表 1-1 中的一些实例。

表 1-1　3D 打印应用实例

案　例	简　介
	2011 年,英国南安普敦大学完成的世界上第一架 3D 打印无人小飞机,翼展 1.98 米,最高时速 101 千米/小时,并且在飞行时几乎完全不发出任何声音
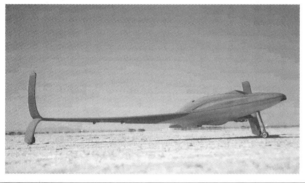	世界上第一架 3D 打印的喷气动力无人机,2015 年 11 月迪拜航展展出。翼展超过 3 米,仅重 15 千克,最高时速 241 千米/小时
	美国亚利桑那州的 local Motors 公司耗时 44 小时生产的 3D 打印电动汽车 Strati。最高速度为 80 千米/小时,续航里程约为 100 千米
	上海青浦 3D 打印建筑交付使用,3 小时建成,建筑能被使用 50 年,材料为建筑垃圾

（续表）

案　例	简　介
	上海第九人民医院用 3D 打印的人工髋关节，外面能同人体骨骼组织完全融合的多孔结构，里面光洁平滑的关节支撑面，这是传统制造技术无法胜任的工作
	2015 年底，以色列 Nano Dimension 公司用 3D 打印 PCB 电路板，该公司也因此获批在纳斯达克股票交易所上市
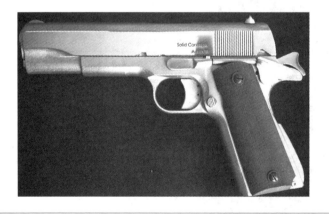	德克萨斯州奥斯汀的 SolidConcepts 公司制造了全球首支用 3D 打印的布郎宁 1911 式手枪，外观上与原装布郎宁 1911 式手枪没有什么差别

（续表）

案　例	简　介
	清软海芯科技 3D 打印的煎饼,既好吃又好看
	用 3D 打印机做出一个自己,留下美好的青春记忆
	用 3D 为自己或你的好友度身定做一个世上独一无二的小礼品,是不是很有创意

1.3　3D 打印机分类和原理

由表 1-1 所列的实例可以看出,3D 打印是无所不能的,大到房屋,小到玩具;从航空航天尖端制造,到日常生活衣食住行,3D 打印都能做。正是因为这样,世界首个公布 3D 打印机开源数据信息的科学家、英国工程学家阿德里安·鲍耶对中国青年报记者表示,"未来你想要什么,只需下载图纸,按一下'打印'键,就可以去喝咖啡听音乐了,剩下的所有事,请统统交给打印机。"

　　3D打印技术几乎是无所不能,但3D打印机却不是无所不能的,目前3D打印机有工业级和桌面级之分,其成型累积技术也有所不同。

1.3.1　3D打印机分类

　　3D打印机分类及其相应的累积技术如表1-2所示。

表1-2　3D打印机分类

分　类	累　积　技　术
桌面级3D打印机	熔融沉积成型技术 Fused deposition modeling(FDM),适合打印热塑性塑料、可食用材料
工业级3D打印机	熔融沉积成型技术 Fused deposition modeling(FDM),适合打印热塑性塑料,共晶系统金属、可食用材料
	选择性激光烧结技术 Selective laser sintering(SLS),适合打印金属粉末、陶瓷粉末
	光固化技术 Stereo Lithography Apparatus(SLA),适合打印光固化树脂
	粉末层喷头三维打印 Three-Dimensional Printing(3DP),粉末材料成形,适合打印陶瓷粉末,金属粉末,通过粘结剂粘结,需要后期烧结

　　表1-2是四种最早成熟的3D打印累积技术,其中FDM技术因为机器造价低廉,是桌面级打印机的首选。

1.3.2　3D打印基本原理

　　基本原理是一样的,都是通过[分层制造、逐层叠加]。把一个设计或扫描等方式做好的3D模型按照某一坐标轴切成无限多个剖面,然后通过精密加工机器3D打印机一层一层打印出来,并按原来的位置叠压到一起,然后固化或粘结,形成一个实体的立体模型,类似于高等数学中的积分。

　　图1-2为熔融沉积成型(FDM)打印机,打印3D模型的原理图,其他类型打印机与此类似。

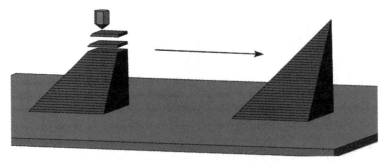

图1-2　打印3D模型原理

本章小结

　　综上所述,我们基本了解了 3D 打印技术。大家来总结一下,要打印一个模型或物体,需要哪些东西? 如图 1-5 所示。

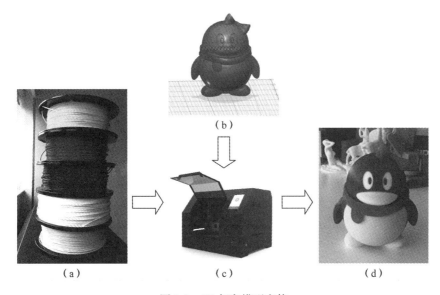

图 1-3　3D 打印模型实体
(a) 材料　(b) 数字 3D 模型　(c) 3D 打印机　(d) 模型实体

　　有了打印机、打印材料、再有数字模型文件,就可以打印出一个实体模型出来。

第 2 章　3D 打印机（Neobox）

Neobox 3D 打印机（见图 2-1）是商用 3D 打印机的领跑者，由法国总统奖得主、巴黎卢浮宫夜景设计大师 Jean-Claude Paul 亲临设计，最顶级电动汽车外观设计团队及多名艺术家直接主笔的殿堂级准工业 3D 打印机，堪称个性化与工业化的最完美结合。

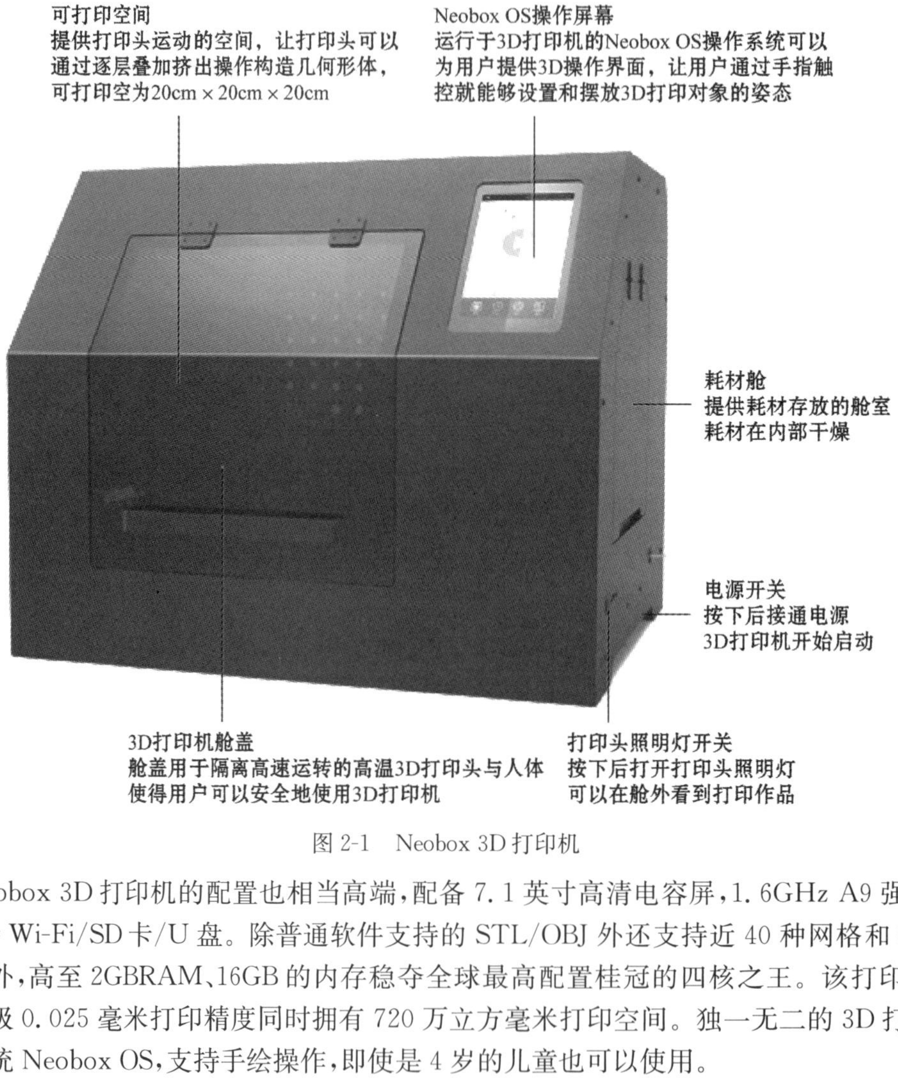

可打印空间
提供打印头运动的空间，让打印头可以
通过逐层叠加挤出操作构造几何形体，
可打印空为20cm × 20cm × 20cm

Neobox OS操作屏幕
运行于3D打印机的Neobox OS操作系统可以
为用户提供3D操作界面，让用户通过手指触
控就能够设置和摆放3D打印对象的姿态

耗材舱
提供耗材存放的舱室
耗材在内部干燥

电源开关
按下后接通电源
3D打印机开始启动

3D打印机舱盖
舱盖用于隔离高速运转的高温3D打印头与人体
使得用户可以安全地使用3D打印机

打印头照明灯开关
按下后打开打印头照明灯
可以在舱外看到打印作品

图 2-1　Neobox 3D 打印机

Neobox 3D 打印机的配置也相当高端，配备 7.1 英寸高清电容屏，1.6GHz A9 强劲处理器，支持 Wi-Fi/SD 卡/U 盘。除普通软件支持的 STL/OBJ 外还支持近 40 种网格和 CAD 格式。此外，高至 2GBRAM、16GB 的内存稳夺全球最高配置桂冠的四核之王。该打印机可达到工业级 0.025 毫米打印精度同时拥有 720 万立方毫米打印空间。独一无二的 3D 打印图形操作系统 Neobox OS，支持手绘操作，即使是 4 岁的儿童也可以使用。

与此同时，Neobox 3D 打印机可以通过互联网连接海量模型库，其中内置的 5 组高品质模型包，可以随时下载使用。内置独立的板载切片器，使打印机完全脱离 PC 运转，用户直接下载模型即可打印。另外，Wi-Fi 功能可随时接入网络的智能设备，在社交网络分享您的打印成果，免费无限升级获得最新版本无限资源。

2.1 Neobox 3D 打印机打印操作

2.1.1 选取打印模型

单击触摸屏右上角的"＋"号,界面上会弹出一黑色选项页面,页面上有"本地存储""官方精选""U 盘""手绘图形""声音挂坠""基本图形"等 6 个选项按钮。

(1)本地存储:是已经导入本机的数字 3D 模型文件。这些文件可以是由 U 盘从电脑拷贝过来,也可以是从北京清软海芯科技官网上下载下来,还可以是由我们的声音生成的模型或手绘的模型,都存在这儿。点击该按钮就可以选择我们想打印的模型。

(2)官方精选:是一个北京清软海芯科技官网网络接口,点击一下,打印机便会自动连接官网海量模型库,并下载模型到本地存储。

(3)U 盘:提供了同外部电脑接口。我们用电脑在网上下载的数字模型文件,或者我们用电脑自己设计的数字模型文件,都可以通过此按钮,用 U 盘拷贝进入打印机的本地存储。

(4)手绘图形:点击一下,会出来一个栅格界面,可以直接用手指在栅格面上画出我们想要的图形来。画出草图,单击完成,直接生成 3D 模型,然后就可以直接打印。全世界可能还没有如此方便的 3D 打印机,仅此一款别无二家。

(5)声音挂坠:能把我们自己的声音变成 3D 模型打印出来。声音能变成模型,闻所未闻的奇迹。试试看,你的声音和别人的有什么不一样。

(6)基本图形:打印机预置的基本 3D 图形,如立方体,棱柱等,直接就可以打印出来。

下面我们来打印一个方块试试:点击本地存储,选取方块。

具体步骤如下:

步骤 1:单击首界面图形加号图标(见图 2-2)。

步骤 2:单击"本地模型"图标(见图 2-3)。

步骤 3:单击"测试方块"图标(见图 2-4)。

图 2-2 首界面图形加号图标

图 2-3 "本地模型"图标

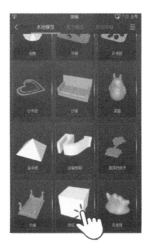
图 2-4 "测试方块"图标

2.1.2 调整模型并切片

单击选取方块后,会弹出一个页面,页面上有"删除""加入打印""直接打印"三个按钮,选择"直接打印"选项,并单击按纽(见图 2-5)。

这时方块就加到了一个带有"Neobox"标志的平板上,该平板就相当于打印机下面支撑模型的底板(见图 2-6)。屏上这平板可以用手指进行 360 度无死角地旋转,能让操作者从不同角度观察模型。同时模型周边会出现的黄色手柄,拖动这些手柄可以对模型进行放大缩小,可移动模型在平板上的位置,可调整角度。一直调整到你满意点击"下一步"。模型就会在打印机底板上,按你调整后的相应位置、大小和角度打印出来,真正实现"所见即所得"。

调整好大小、角度和位置后,就开始对模型切片(见图 2-7),请耐心等待系统进行切片,当进度环达到 100% 时,会自动跳转至打印预览界面。点一下"一键操作",其他所有的切片工作都由打印机自己完成,非常方便。选择"完成该步骤后直接打印"选项。

注意:为什么要切片? 大家想一想,前面原理中讲到了,大家自己再思考总结一下。

图 2-5 "直接打印"按钮　　　图 2-6 选取模型进行相应操作　　　图 2-7 模型切片、打印操作

2.1.3 开始打印

切片完成后,模型上会显示出一环一环蓝色的"切痕",并且会显示打印所需要的时间,也可以切换到切片结果界面查看切片的具体参数信息。具体如下。

(1) 打印预览界面显示了预估打印时间,点击右上角"▤"图标按钮,可以查看相应的切片效果(见图 2-8)。

(2) 图 2-9 界面显示了打印时间,如打印层数以及打印精度等参数。确认无误后,单击"打印"。

(3) 图 2-10 界面显示开始自动进行打印过程,首先将加热打印头。请将打印机观察窗关闭,避免打印过程中肢体放入引起的不必要伤害。

如果你满意了,单击"打印"按钮,后面交给 Neobox 吧,我们可以喝咖啡去了。

图 2-8 打印界面

图 2-9 显示打印时间等

图 2-10 自动打印进程

2.1.4 打印完成拿下模型

待打印头冷却后(约 5～10 分钟),请打开观察窗。用手(或附件的钳子)将打印的立方体取下。由于打印物体与底板之间有大气压强吸紧,取下物体时可能会遇到困难。

建议先用钳子或镊子将物体一侧撬起,空气进入后大气压强作用消失,然后整体就比较容易取出。

模型取下过程,请务必避免机械伤害,同时小心损伤底板。

请按图 2-11 检测立方体形状,如果不属于任何一种情况请联系客服人员。

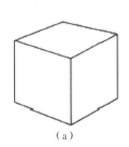

（a）

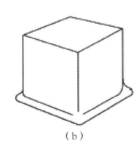

（b）

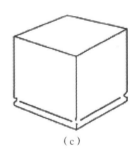

（c）

图 2-11 检测取下的立方体形状

（a）正常立方体,表示安装调试成功 （b）下侧明显膨大的立方体,调平时打印头与底板间隙过小
（c）下侧层与上侧层分离的立方体,调平时打印头与底板间隙过大

2.2 实例——打印一个书签模型

下面大家自己操作,打印一个本地存储中的心形书签模型(见图 2-12、图 2-13)。

图 2-12 本地模型中选择心形书签

图 2-13 打印出的心形模型

本章小结

  本章我们学习了 Neobox 打印机的打印操作,下一章我们来看看 3D 打印材料。

第 3 章　3D 打印材料

3D 打印材料是 3D 打印技术发展的重要物质基础,在某种程度上,材料的发展决定着 3D 打印能否有更广泛的应用。目前,3D 打印材料主要包括工程塑料、光敏树脂、橡胶类材料、金属材料和陶瓷材料等,除此之外,彩色石膏材料、人造骨粉、细胞生物原料以及砂糖等食品材料也在 3D 打印领域得到了应用。3D 打印所用的这些原材料都是专门针对 3D 打印设备和工艺而研发的,与普通的塑料、石膏、树脂等有所区别,其形态一般有粉末状、丝状、层片状、液体状等。通常,根据打印设备的类型及操作条件的不同,所使用的粉末状 3D 打印材料的粒径为 $1\sim100\,\mu\mathrm{m}$ 不等,而为了使粉末保持良好的流动性,一般要求粉末要具有高球形度。

3.1　形形色色的 3D 打印材料

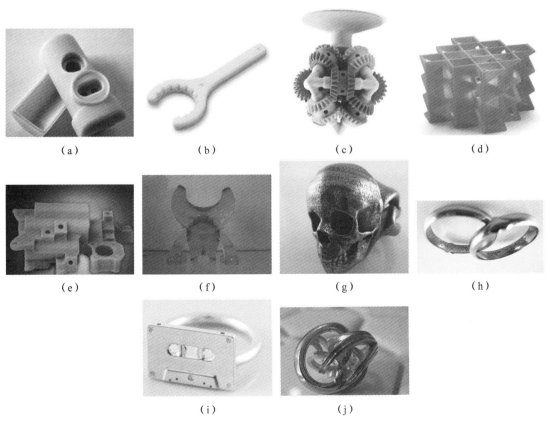

图 3-1　形形色色的 3D 打印材料

(a)尼龙玻纤　(b)PC 塑料　(c)彩色石膏　(d)ABS 材料　(e)多彩树脂

(f)光敏材料　(g)不锈钢　(h)钛合金　(i)镀银材料　(j)镀金材料

3.2　PLA 材料

聚乳酸(PLA)材料(见图 3-2)特别适合用于桌面级 3D 打印机,打印各种教育教学模型,因为无毒无害。

图 3-2　PLA 材料

CAS NO. :51063-13-9

中文别名:聚丙交酯

英文名称:polylactide

英文别名:polytrimethylene carbonate;1,3-Dioxan-2-one homopolymer

分子式:C4H6O3

物化性质

熔点:175～185℃,

特性粘数范围:0.2～8IV(dl/g)

玻璃化转变温度:60℃～65℃,

传热系数:0.025λ(w/m.k)

聚乳酸(H-[OCHCH3CO]n-OH)的热稳定性好,加工温度 170℃～230℃,有好的抗溶剂性,可用多种方式进行加工,如挤压、纺丝、双轴拉伸、注射吹塑。由聚乳酸制成的产品除能生物降解外,生物相容性、光泽度、透明性、手感和耐热性好,用途十分广泛,可用作包装材料、纤维和非织造物等,主要用于服装(内衣、外衣)、产业(建筑、农业、林业、造纸)和医疗卫生等领域。

聚乳酸的优点主要有以下几方面:

聚乳酸(PLA)是一种新型的生物降解材料,使用可再生的植物资源(如玉米)所提出的淀粉原料制成。淀粉原料经由发酵过程制成乳酸,再通过化学合成转换成聚乳酸。其具有良好的生物可降解性,使用后能被自然界中微生物完全降解,最终生成二氧化碳和水,不污染环境,这对保护环境非常有利,是公认的环境友好材料。关爱地球,你我有责。据新闻报道,在 2030 年全球温度可能升至 60℃,普通塑料的处理方法依然是焚烧火化,造成大量温室气体排入空气中,而聚乳酸塑料则是掩埋在土壤里降解,产生的二氧化碳直接进入土壤有机质或被植物吸收,不会排入空气中,不会造成温室效应。

本章小结

本章我们认识了目前市场上已经有销售的各种 3 打印材料,其中 PLA 最重要,我们的 3D 打印机 Neobox 以及同类做教学模型使用的桌面级商用打印机,大部分都是用的这种材料。虽然其他如 ABS 材料也可以用,但建议只使用 PLA,因为其无毒无害。

第4章 3D建模软件

在3D打印我们喜爱的模型时,除要有一台好机器,一种安全环保的材料,还要有可以用于打印的数字模型文件。这种数字模型文件常常是一种STL格式文件。Neobox打印机本身就预装了多种模型文件,并且可以联网清软海芯科技模型库,直接下载各种模型。

直接使用已经建好的模型是一个办法,很快就能打印出一个模型,但如果想度身定制一个个性化的模型,我们得学会自己去建模,这是一件充满想象富有创意的工作。要自己学会建模,得有一款适合的3D建模软件。

4.1 专业级3D建模软件

工业级专业3D建模软件有许多种,这里仅列以下四种(见图4-1)。

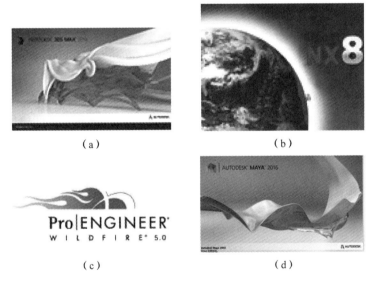

图 4-1 专业级 3D 建模软件
(a) 3DMax (b) UG (c) Pro/E (d) Maya

4.2 Autodesk 123D Design

桌面级3D打印机使得人们能够简单地随时制作自己想要的模型和物体,但是以上所述应用于工业设计、电影、游戏等行业的专业软件,体积庞大,价格昂贵,菜单选项让人眼花缭乱,实在让人望而生畏。虽然这些专业3D建模软件都功能强大,但使用起来是个大问题。为了制作3D打印模型而去学习这类专业软件,劳心劳力,让3D打印的乐趣大打折扣。

正是在此背景下,Autodesk 123D系列软件横空出世(见图4-2),123D系列是一套适合于初学者的、易学易用的 3D 建模软件,其功能足以满足广大应用者制作 3D 打印模型的需要,并且还都是免费的,够酷吗?

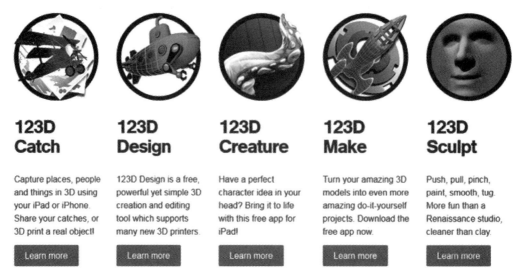

图 4-2　123D 系列软件

在 123D 家族中,123D Design 是个 CAD 建模软件。它通过简单直观的操作界面以及丰富的预定义零件,使得我们可以自由地建造火车、房子、机器人等各种精确模型,帮助我们快速将构思成形,并进一步进行深入探究。最重要的是,帮助我们让构思变成现实,梦想成真。所以本教材以后的章节,将选用 Autodesk 123D Design 作为我们的建模软件,通过丰富的实例,学习如何用我们的 3D 打印机,打印出完全由我们自己设计的独一无二的模型。每个人都行!

本章小结

本单元我们认识了 3D 打印。下一单元,我们学习 3D 建模,学习把我们的创意、设计变成现实的十八般武艺。

第 2 编　Autodesk 123D Design 建模软件

第 5 章　Autodesk 123D Design 安装和界面

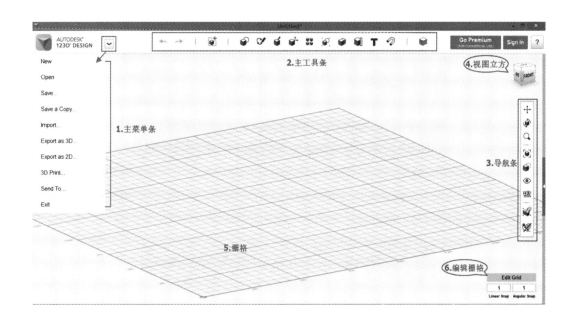

5.1　软件下载和安装

第一编我们已经了解到，要打印出完全由我们自己设计的 3D 模型，除了要有一台好的 3D 打印机，适合的打印材料，还得设计出自己的 3D 模型（所谓 3D 建模）。如何完全由自己设计出 3D 模型，得有 3D 建模软件，这一编将分十章内容来学习如何使用 3D 建模软件 Autodesk 123D Design，这是一款超级棒的软件：Autodesk 123D Design。软件在这里下载：http：// www. 123dapp. com/，免费的（见图 5-1）。

图 5-1　免费下载软件

如图 5-1 所示，前五款软件都属于 123D 系列，可以在不同的系统环境中满足不同的需要。最后三款软件是 Autodesk 公司收购的几款软件，也可用于 3D 打印。本书学习 123D Design，你要下载的是 123D Design。单击图 5-1 框中 123D Design，会出来下载页面（见图 5-2）。该页面上有三个按钮，分别为：PC(个人电脑)版、苹果机版和 iPad 版：

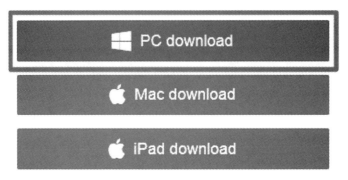

图 5-2 软件下载页面

点击 PC download，会跳出如图 5-3 的选项，分为 32 位操作系统和 64 位操作系统两个不同的版本。这时要注意你的电脑操作系统是 32 位还是 64 位。

图 5-3 下载选项

如何查看电脑操作系统类型是 32 位还是 64 位？ 如我的电脑是 Windows 8，用鼠标右键点击电脑桌上的"这台电脑"，在跳出的菜单中选择"属性"选项，显示如图 5-4 所示页面。

图 5-4 中方框显示，Windows 8 是 64 位操作系统。其他如 Window XP 等操作系统鼠标右键点击桌"我的电脑"—"属性"，然后也能查到操作系统类型。微软的操作系统从 Windows XP 开始，后面版本都是 64 位系统，XP 以前的版本包括部分 Windows XP 都是 32 位系统。

推荐电脑配置：Windows 7,64 位系统，4G 内存，最好是独立显卡。配置越高越好！配置低会影响你的体验。32 位 Windows XP 系统可能需要在安装前先安装 Derectx9.0 或以上版本，因为 3D 建模需要 Derectx9.0 或以上版本支持。

选择 64 位系统下载安装程序： 123D_Design_R2.0_WIN64_2.0.16

双击安装程序，按提示安装（见图 5-5）。

如图 5-5 所示，系统默认的安装路径为 C:\Program Files\Autodesk\123D Design，单击浏览 Browse 按钮可以进行修改，如改到 D:\Program Files\Autodesk\123D Design。修改完单击 Accept & Install 按钮，弹出如图 5-6 所示页面。

图 5-4　电脑属性

图 5-5　开始安装程序

图 5-6　安装语言选择

选择安装语言,很遗憾,目前 123D Design 还只支持英语和日语。默认选择"英语"单击
Install 按钮开始安装(见图 5-7)。

图 5-7　安装进度

单击安装完成(见图 5-8),电脑桌面上显示如图 5-9 所示快捷方式。

图 5-8　安装完成

图 5-9　123D Design 桌面快捷方式图标

　　到此为止,这款超级棒的 3D 建模软件就在我们的电脑中安家了(见图 5-9)。下一小节认识一下它的界面。

5.2　认识 123D Design 界面

　　双击桌面快捷图标,启动 123D Design(见图 5-10)。

图 5-10　123D Design 软件启动的欢迎界面

　　图中:Quick Start Tips:快速启动小贴士;

　　Sign in:登录账户,登录后可以下载 123D Design 库中已经做好的模型;

　　Join Now:加入/注册一个账户,以此账户登录可以下载 123D Design 模型库中的模型;

　　Start a New Project:开始一个新的模型制作工程项目。

　　单击 Start a New Project 按钮,进入工作界面(见图 5-11)。

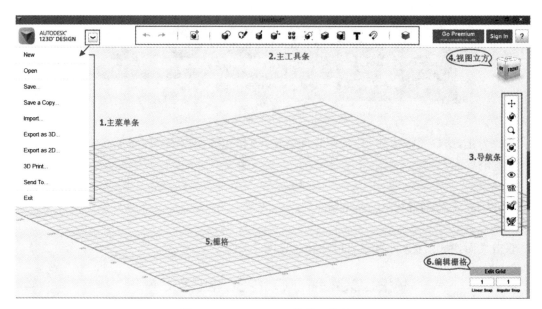

图 5-11　123D Design 软件工作界面

123D Design 的工作界面简洁明了,没有大型专业软件那样让人眼花缭乱的各种工具按钮和菜单。下面逐一做个简单介绍:

5.2.1　应用菜单

单击工作界面左上角 123D Design Logo 边向下的箭头,会弹出如表 5-1 所示应用菜单。

表 5-1　应用菜单

New	创建新文件
Open	从云端或本地硬盘打开一个 Stl,123Dx,obj,smb,STEP,SAT,DWG,DXF 文件
Save...	将 123Dx 格式文件保存到云端或本地硬盘
Save a Copy...	将 123Dx 格式文件拷贝保存到云端或本地硬盘
Import...	导入 3D 模型或 SVG 文件为草图或实体,同第三方绘图软件接口
Export as 3D...	导出 Stl,SAT,STEP,X3D,VRML,DWG,DXF 格式文件
Export as 2D	导出 SVG,DWG,DXF 格式文件
3D Print...	在线打印或用本地桌面级打印机打印模型
Send to...	将模型发送到 Meshmixer 或 123D Make
Exit	退出 123D Design

5.2.2　主工具条

主工具条提供了立方体、球体、圆柱体等各种基本几何体和各种草图曲线,对基本几何体和曲线的各种变形操作工具,还有并、交、差等布尔运算,这些是我们最常用的工具,后面我们会一一具体学习。

5.2.3　导航条

导航条前三个 Pan、Rotate、Zoom(见图 5-12)估计是为没有三键鼠标的用户设计的,有了三键鼠标,这三个基本用不上,直接使用鼠标就行了。

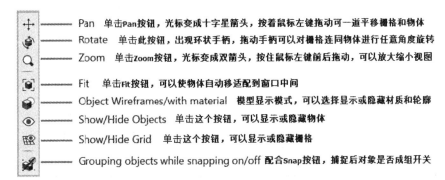

图 5-12　导航条

5.2.4　视图立方体

单击视图立方体的不同面,可以切换到不同视图,实现从不同视角对模型对象进行观察和操作(见图 5-11)。

5.2.5　栅格

是放置模型对象的平面,配合界面右下角编辑栅格,可对栅格单位进行设置(见图 5-11)。

5.3　鼠标按键功能

5.3.1　左键　选取对象,可进行实体、面、线和点的选取

可以将鼠标指向对象进行点选,同时按住键盘 Shift 键可以点选多个对象;也可以按住鼠标左键拖动鼠标框住一个或多个对象进行框选。

1) 对实体图形单元的选取

向栅格平面插入一个四方体(见图 5-13)。

2) 对 2D 图形单元的选取

见图 5-14。

说明:

(1) 选取的实体对象周围出现绿色高亮线条,颜色变深。

(2) 选取整个实体时,界面底部会出现一灰色工具条,工具条中是可对实体进行操作的工具按钮。

(3) 选取对象后,界面上都会出现一个小齿轮。将鼠标悬停在小齿轮上,会出现一工具条,工具条中列出了可对该对象进行操作的工具按钮。注意,不同的选取对象,小齿轮工具条中列出的工具按钮是不一样的。

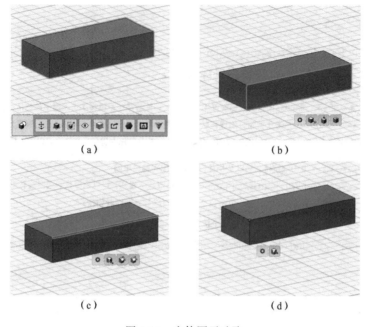

图 5-13　实体图元选取

（a）选取实体　（b）选取侧面　（c）选取一棱　（d）选取顶点（圆圈）

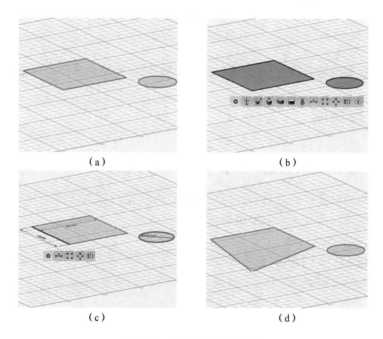

图 5-14　2D图形单元选取

（a）插入一个矩形和一圆　（b）选取矩形和圆的面（面域，有大小无厚度）

（c）选取边线　（d）选取矩形顶点可拖动变形

5.3.2　中键

按住中键不放，光标变成十字星箭头，对栅格和物体对象一道进行拖动。注意，这里拖动的是整个视野,模型的相对位置并没有改变。前后滚动中键,可放大缩小视图。注意,这里放大缩小只是对视图进行放大缩小,模型本身大小并没有变化。

5.3.3　右键

按住右键不放,光标变成双环,可以对栅格和物体进行任意角度的旋转。使用右键旋转视野,比使用视图立方体来得方便。同上面一样,旋转的是整个视野,模型本身相对栅格和其他模型并没有旋转。

5.4　对模型进行基本操作——移动旋转工具

这一节学习一个对对象进行操作的最基本工具,移动/旋转(Move/Rotate),快捷键为 Ctrl＋T。这个工具是主工具条变换(Transfor)工具下级子工具条中的第一个按钮(见图 5-15),也会出现在选取对象后的小齿轮工具条中。这个工具是使用最频繁的工具,所以我们在这一节中先学学其基本用法。

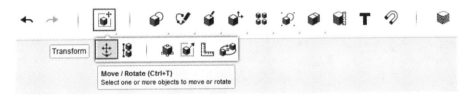

图 5-15　移动/旋转工具

利用前面向栅格平面插入的四方体、矩形来学习移动旋转操作(见图 5-16)。

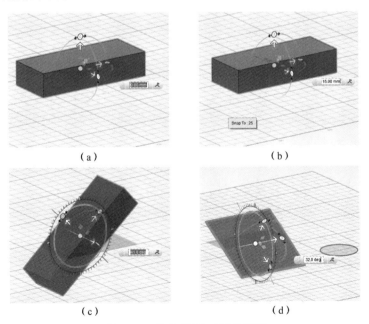

（a）　　　　　　　　　　　（b）

（c）　　　　　　　　　　　（d）

图 5-16　移动/旋转工具的使用

（a）操作器　（b）拖动四方体 15 mm　（c）旋转四方体 41 度　（d）旋转面域 32 度

　　说明：

　　（1）选取要操作的对象，点击移动旋转按钮；或者先单击移动旋转按钮，再选取要操作的对象。对象上会出现一个"操作器"，并出现一个灰色文本框，该文本框根据不同的操作显示不的内容。

　　（2）操作器上有指向 X、Y、Z 三个不同方向的白色箭头，拖动白色箭头可以移动对象。拖动白色箭头可使对象沿 X、Y、Z 轴方向移动，文本框中显示移动的距离。

　　（3）操作器有三个分别垂直于 X、Y、Z 轴的圆环，每个圆环上有一双箭头。拖动双箭头可让对象绕圆环圆心所在的 X、Y、Z 方向旋转，文本框中显示旋转的角度。

　　（4）直接向文本框中输入数值，可以精确地控制移动的距离或旋转的角度。

本章小结

　　本章初步认识了 123D Design 的工作界面，鼠标按键操作，并学习了最常用的对象操作工具，移动/旋转工具。对鼠标按键操作和移动/旋转工具要多练习，必须掌握它们。

第6章　基本几何体

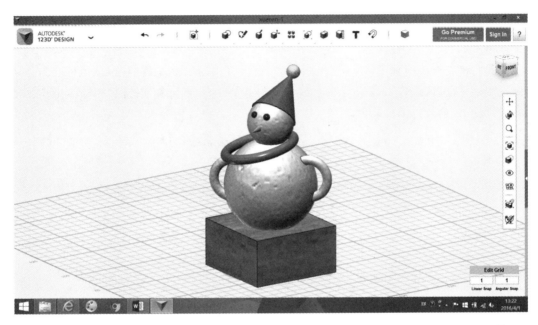

上一章节,认识了 123D Design 软件的工作界面。这一章节开始,学习基本几何体工具。将鼠标悬停在主工具条基本几何体按钮(Primitives)上,大家注意到,主工具条上的很多按钮右下角都有一个小三角形,有这个小三角形就说明这个按钮下面还有下级工具条。当我们将将鼠标悬停在主工具条基本几何体按钮(Pimitives)上时,会自动弹出下级工具条(见 6-1)。

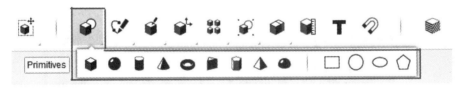

图 6-1　基本几何体工具条

弹出的下级工具条中,有正方体,球体等基本几何体工具,还有矩形和圆形等几个基本平面图形工具。我们用两节内容来学习,如何用这些基本几何体和平面工具创建自己想要的 3D 模型。

6.1　立方体,球体,半球体

先学习立方体、球体、半球体这三个工具。当我们将鼠标指向下级工具条中这三个工具按钮,点击,然后就能分别拖出立方体(Box)、球体(Sphere)、半球体(Hemisphere)这三个几何体插入工作区(见图 6-2)。

图 6-2　立方体,球体,半球体工具

6.1.1　立方体

当我们将立方体拖到栅格上面(见图 6-3),在没有单击鼠标左键前,移动鼠标立方体可以自由地四处移动,这样你可以决定将它放在栅格的哪个位置。这时我们注意到,工作区的下部,还出现了一个灰色的对话框。

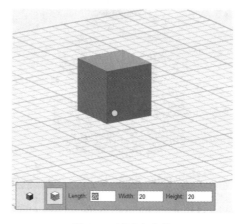

图 6-3　创建立方体

这个对话框中依次为材质(Material)按钮和长(Length)、宽(Width)、高(Height)三个文本输入框。

单击材质按钮会弹出对话框,在这里可以为创建的立方体选择不同的材质(见图 6-4)。

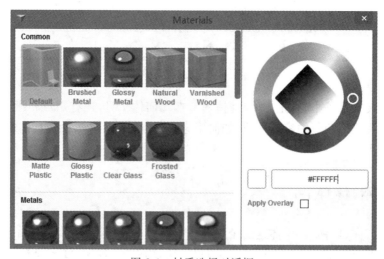

图 6-4　材质选择对话框

在三个文本框中,分别输入你想创建的四方体的长宽高。输完一个,按键盘 Tab 键切换到下一个文本框继续输入。

材质选好,长宽高输入后,单击鼠标左键,一个按你要求的立方体就创建在了栅格上你指定的位置。如图 6-5 所示两个不同材质不同大小的立方体:

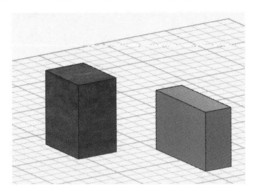

图 6-5　创建两个不同材质、大小的立方体

6.1.2　球体

用同样的方法可以创建球体。

这里有一个材质(Material)按钮,只有一个文本输入框:半径(Radius)。输入半径后球体大小就确定了,在栅格上的位置可由移动鼠标变动(见图 6-6)。

创建两个不同材质、大小的球体(见图 6-7)。

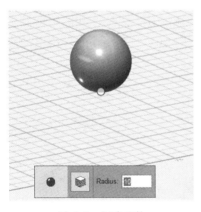

图 6-6　创建球体

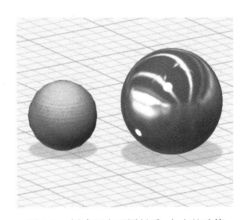

图 6-7　创建两个不同材质、大小的球体

6.1.3　半球体

下面用同样的方法创建半球体。

这里有一个材质(Material)按钮,只有一个文本输入框:半径(Radius)(见图 6-8)。

两个不同材质,大小不一样的半球体(见图 6-9)。

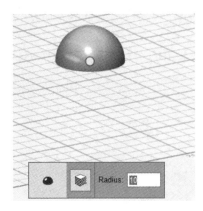

见图 6-8　创建半球体

图 6-9　创建两个不同材质、大小的半球体

6.2　圆柱体,圆锥,圆环体

图 6-10 是创建圆柱体(Cylinder)、圆锥体(Cone)、圆环体(Torus)工具。

图 6-10　创建圆柱圆锥圆环体工具

我们用同样的方法,可以创建圆柱体、圆锥体、圆环体。其中圆柱体和圆锥体要输入半径和高度。圆环体需要输入大半径(Major Radius)和小半径(Minor Radius),这里的小半径指的不是圆面内部的小圆,指的是环体实体的半径(见图 6-11)。

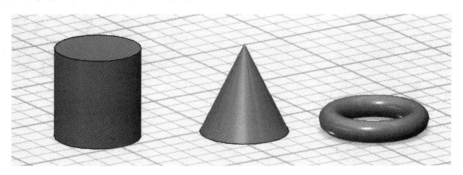

图 6-11　圆柱、圆锥、圆环体

这三个几何体,我们没有再选择材质,没有选择材质出来的图就是这样的蓝色(见图 6-11)。

到此为止,已经知道了如何创建这些基本几何体,是不是很简单? 估计有同学会说,这么简单的几何体有用吗? 有用! 这些简单的几何体都可以直接用 3D 打印机打印出来,让才学习立体几何的学生去认识,这样能增强对几何体的直观感性认识。

更重要的是,很多复杂的模型,都可以从这些简单的几何体开始,利用 123D Design 中各种强大的变形修改工具,将各种各样的复杂模型给创建出来。下面看一个具体实例。

6.3　实例——雪人

这一节,利用以上所述基本几何体工具,做一个非常简单的模型——雪人(见图 6-12)。

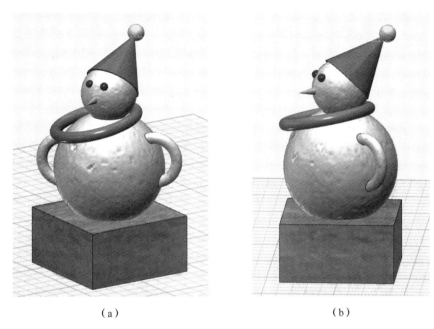

（a）　　　　　　　　　　　　　　（b）

图 6-12　小雪人模型

（a）正面　（b）侧面

这个模型看似非常简单,五个球体,三个环体,两个圆锥体,还有一个立方体,就构成了如图 6-12 所示的模型。下面看看如何将这些基本几何体元件给组合起来。学习在 123D Design 中如何操控移动这些基本几何体元件。

第一步,拖出一个直径为 20 mm 的大球,再拖出一个直径为 10 mm 的小球,并将两个球叠放到一起(见图 6-13)。

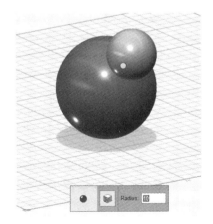

图 6-13　将两个球叠放到一起

　　首先拖出一个直径为 20 mm 的大球,单击鼠标左键,大球就放置在栅格平面上。当拖出第二个直径为 10 mm 小球时,这里有一个技巧,如果直接单击鼠标左键,小球就放置下来了,而且放置的位置就是在栅格平面上,同前面的大球在同一平面。但我们这个例子中,第二个小球在大球的正上方,如何把这小球放到大球的正上方面呢?

　　拖出小球后,我们不急于点击左键,而是将小球尽可能拖到大球的表面。大家可以看到,随着鼠标的移动,小球会在大球的表面滚动。将小球尽可能滚动到大球的正上方,再点击鼠标,这样小球就粘附在大球的表面(见图6-14)。为确保小球所放置的位置是在大球的正上方,可以点击工作界面右上角的视图立方,并将图形切换到侧视图来观察。当切换到图6-15的界面时不难发现,小球是在大球的上方,但并不在正上方,而是有点偏。

图 6-14　小球粘附在大球表面　　　　　　　　图 6-15　小球在大球上方的位置有点偏

　　如何将小球调整到大球的正上方,这里学习一个工具 Align。这个工具在变换 Transform 工具下级工具条中(见图6-16)。

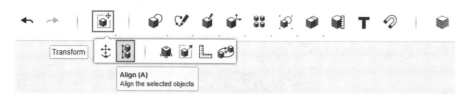

图 6-16　对齐工具

　　可以先单击这个工具,然后按住鼠标左键拖动框住两个球体;也可以先按住鼠标左键拖动框住两个球体,再单击这个工具,都能达到同样的效果。下面先按住鼠标左键拖动框住两个球体(见图6-17)。

　　框住两个球体后,两球体周围都出现了一个绿色的圈。在 123D Design 中,当用鼠标左键点击、拖动框住一个实体、平面、线等对象后,对象周围出现绿色的圈或线,表示这个对象被选中了,后面的操作就对此对象起作用。

　　先选中两球体后,再单击 Align 工具。

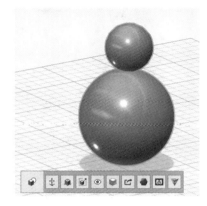

图 6-17　按住鼠标左键拖动框选两个球体

　　点击 Align 工具后，两球周围就出来了一个对齐工具操作器［见图 6-18(a)］。操作器上黑色点，分别代表沿 X 轴、Y 轴和 Z 轴三个方向的对齐位置。当鼠标指到一个小黑点，相应的小球对象就会向那个相应的对齐位置移动［见图 6-18(b)］。单击小黑点，对象就移到了那个指定的对齐位置。

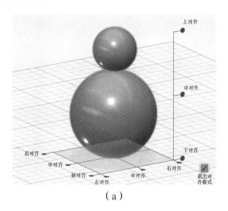
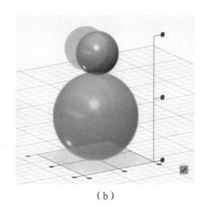

（a）　　　　　　　　　　　　　　　（b）

图 6-18　对齐工具
(a) 对齐工具操作器　(b) 后对齐

　　在这个例子中，显然，我们应该点出栅格面上 X、Y 轴方向中间的那个小黑点，这样就能将小球调整到大球正上方的位置。分别点击 X、Y 轴方向的中间那个小黑点，再点击视图立方体，将图形切换到任何一个侧面，就会发现两球都在一条直线上，而且小球正好在大球的正上方（见图 6-19）。

　　这时，单击界面上绿色的有一黑色小勾的方块，退出对齐模式。

　　把现在得到的图同目标比较一下，发现有差别，在要画的图中，两个球不只是贴在一起，而是相互有一点点连接的地方。如何调整？很明显对齐工具解决不了这个问题，因为每个方向它只有三个位置可调整，达不到让两球相互有一点点连接的目的。怎么办？再来看另外一个工具，在 Transform 工具下级工具条中还有一个移动/旋转工具（Move/Rotate）。

　　如图 6-20 所示，单击旋转/移动 Move/Rotate 工具，选取要移动的对象，就是上面的这个小球，只要将它沿 Z 轴向下移一点，就能同下面的大球连起来。当我们将鼠标移到小球上单击选取，小球中心位置便出现了一个旋转/移动工具操作器（见图 6-21）。

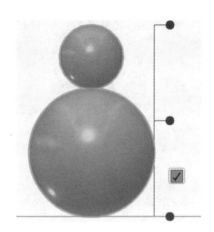

图 6-19　调整后的两球位置

图 6-20　移动/旋转工具

图 6-21　旋转/移动工具操作器

这个旋转/移动工具操作器中有分别指向 X 轴、Y 轴、Z 轴三个方向的三个箭头。用鼠标左键按着这三个箭头中的任何一个前后拖动鼠标，就可让对象沿该箭头所指方向前后移动。移动的距离，可以从左边灰色的文本框中精确地显示出来。也可以点出任何一个箭头，然后直接在左边灰色的文本框中直接输入要移到的距离，最后用鼠标点击界面的任意位置确定，移动就成功了。

这两个球是雪人的头和身体，后面相对不再发生移动，可以把它们合并到一起。把两个对象合并到一起怎么做？这就涉及到布尔运算：并（Merge）、差（Subtract）、交（Intersect）。现在就用这里的"并（Merge）"把这两个小球合并到一起。"并（Merge）"在主工具条中 Combine 工具下级子工具条中（见图 6-22）。

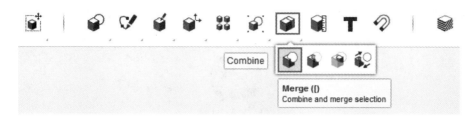

图 6-22　"并"工具按钮

点击"并 Merge"按钮，出现以下灰色指示条"目标实体/网格|源实体/网络（Target Solid/Mesh|Source(s)/Mesh(es)）"。

随鼠标还出现一个提示，即选择一个目标实体（Select a sarget solid/mesh）。当选择了一个目标实体时，如大球，灰色指示条会自动切换为选择源实体（Source Solid(s)/Mesh(es)），在这儿是上面的小球。这里注意一下，目标实体只有一个，源实体可以是一个或多个。选择小球，再点击鼠标确认，两个球就合并成了一个整体（见图 6-23）。

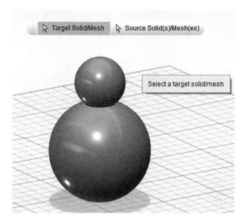

图 6-23　用"并"工具使两球合并为一个整体

下面再给雪人加个底座（见图 6-24）：

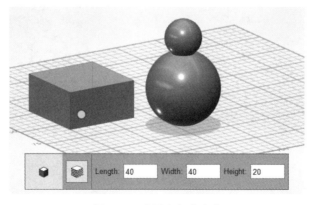

图 6-24　为雪人加个底座

麻烦来了，这底座怎么放到雪人的正下方，并且让雪人在中底座的中心位置？同雪人还有部分连在一起？没错，可以重复刚才放置两个小球时对齐的步骤一步步做。做完后就成了如

图 6-25 这样子。

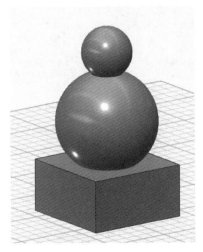

图 6-25　用"移动/旋转"和"对齐"工具将雪人放置于底座的正上方

下面我们再来给雪人脖子上套上一个环。注意,这个环要套在雪人的脖子上,大家应该没忘记,该怎么做? 对,拖出一个环并将环移到雪人的脖子位置,我们发现它在不断变动位置,到下面位置离我们要求的位置最近了,点击鼠标将环放下[见图 6-26(a)]。

这个位置最近,但是不是我们想要的位置呢? 我们可以切换视图到图 6-26(b)位置再观察一下。

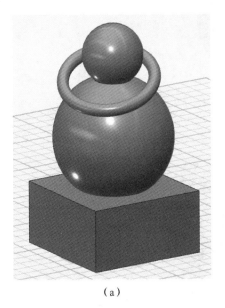 

（a）　　　　　　　　　　　　　　　（b）

图 6-26　给雪人脖子上套一个环

（a）在最近的位置把环放下　（b）切换位置观察

我们发现这个环的位置差得还很远,怎么办?

大家应该还记得刚才我们用过两次的移动/旋转工具。没错,这个工具就能帮我们把这个环调整到想要的位置。

　　大家注意到,刚才我们没有说,移动/旋转工具上不仅有三个箭头,还有三个虚线的环,环上分别有一个双箭头。这个环和箭头有什么用? 非常有用。它可以让选取的这个对象,分别绕 X 轴、Y 轴、Z 轴三个轴旋转(见图 6-27)。

　　我们现在要将雪人脖子上的环调整到我们想要的位置(见图 6-28),不仅需要移动,还要旋转。做好了大家就学会了这个移动/旋转工具(Move/Rotate)。

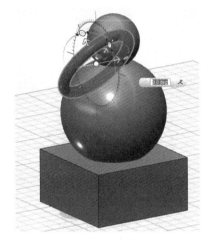 

图 6-27　移动/旋转工具　　　　　　　　图 6-28　调整到位

　　将环调整到我们想要的位置后,点击鼠标确认。旋转调整时,同样也可以直接在灰色文本框中直接输入角度。当我们知道目标角度时,这就非常方便。当然我们这个例子不行,得边观察边调整,直到同我们的目标接近。

　　雪人的"围脖"做好了,再安装两个手臂,其实这手臂就是两个环。刚才我们忙活了半天,已经做了个环状"围脖",安装这两个手臂相对就容易了,我们只要重复刚才的做法就可以了。手臂也是雪人的身体一部分,后面相对不再发生移动,我们也可以象前面一样用"并"工具将它们同身体合并到一起(见图 6-29)。

图 6-29　用"并"工具将手臂与身体合并到一起

到此,我们一起来看,怎么再给小人加上帽子,鼻子?

只是所用的基本几何体不一样,这两个都是圆锥,其他和前面做的基本一样,拖出基本几何体,然后调整大小调整位置。大小和位置调整好就搞定了(见图6-30)。

重复以上的动作,下面我们再给帽子上加上小球,给雪人加上眼睛——两个小球(见图6-31)。

图 6-30   加上帽子和鼻子   图 6-31   帽子上加上小球,再给雪人加上眼睛

至此,我们就将整个雪人的形状给做出来了,好丑!来修饰一下,加点颜色和材质渲染一下。

到此我们就用123D Design做出了第一个3D模型,我们可以用3D打印机将它打印出来(见图6-32)。

图 6-32   3D雪人模型完成

本章小结

　　本章内容简单,但很多模型都可以由本章学习的各种基本几何体进行组合拼接修改而来,所以还是很重要。雪人实例,旨在练习使用鼠标对对象进行移动、旋转等基本操作,3D 建模首先要学会的这些基本操作,只有多练习才能熟练掌握。

第7章 基本几何体和平面图形

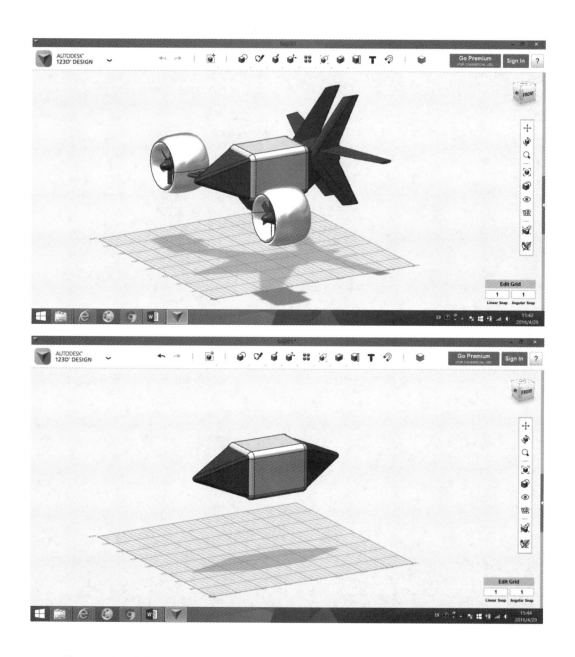

7.1 楔形,多棱柱,多棱锥

在基本几何图形(Primitives)中,还有楔形(Wedge)、多棱柱(Prism)、多棱锥(Pyramid)这几种常用几何体(见图 7-1)。

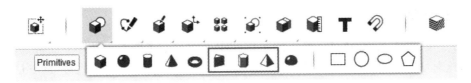

图 7-1 常用几何体建模工具

7.1.1 楔形

楔形(Wedge)也可以就看成是三棱柱,点击楔形按钮,就能向工作区中插入一个楔形。同样下面会出现一灰色对话框,这对话框中同样有材质(Material)、半径(Radius)、高度(Height)三个文本框。可以对楔形材质进行选择,半径和高度可以直接在文本框中输入。这里半径指的是底面三角形的外接圆的半径(见图 7-2)。

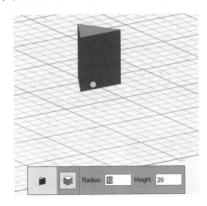

图 7-2 楔形建模

7.1.2 多棱柱

单击多棱柱(Prism)按钮,可以向工作区中插入一个多棱柱。同样下面会出现一灰色对话款,这对话框中同样有材质(Material)、半径(Radius)、高度(Height)、棱数(Sides)四个文本框。可以对多棱柱材质进行选择,半径、高度和棱数可以直接在文本框中输入,这里半径指的是底面多边形的外接圆的半径,棱数最少为 5(见图 7-3)。

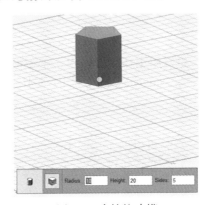

图 7-3 多棱柱建模

7.1.3 多棱锥

单击多棱锥(Pyramid)按钮,可以向工作区中插入一个多棱锥。同样下面会出现一灰色对话款,这对话框中同样有材质(Material)、半径(Radius)、高度(Height)、棱数(Sides)四个文本框。可以对多棱锥材质进行选择,半径、高度和棱数可以直接在文本框中输入。这里半径指的是底面多边形外接圆的半径,棱数最少为 4(见图 7-4)。

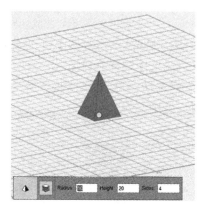

图 7-4 多棱锥建模

7.2 矩形,多边形,圆形,椭圆形

基本几何体中,还有几个常用平面图形(见图 7-5)。从这几个平面图形开始,可以很容易生成三维图形。这节课我们只对其做初步认识,后面的 2D 草绘生成 3D 图形中我们再具体学习。

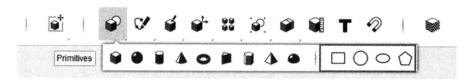

图 7-5 常用的平面图形

7.2.1 矩形

单击矩形(Rectangle)按钮,可以向工作区中插入一个矩形。同样下面会出现一灰色对话框,这对话框可直接输入矩形的长(Length)、宽(Width)(见图 7-6)。

7.2.2 多边形

单击多边形按钮(Polygon)按钮,可以向工作区中插入一个多边形。同样下面会出现一灰色对话款, 这对话框可直接输入多边形外接圆半径(Radius)和边数(Sides),最小边数为 5(见图 7-7)。

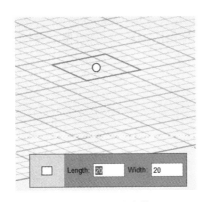

图 7-6　矩形建模

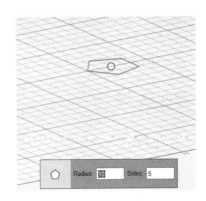

图 7-7　多边形建模

7.2.3　圆形

　　单击圆形按钮(Circle)按钮,可以向工作区中插入一个圆形。同样下面会出现一灰色对话款,这对话框可直接输入圆形半径(Radius)(见图 7-8)。

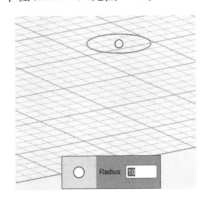

图 7-8　圆建模

7.2.4　椭圆形

　　单击椭圆按钮(Ellipse)按钮,可以向工作区中插入一个椭圆。同样下面会出现一灰色对话款,这对话框可直接输入椭圆的半长轴(Major Axis)和半短轴(Minor Axis)(见图 7-9)。

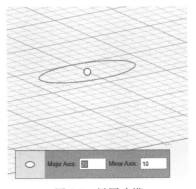

图 7-9　椭圆建模

　　在画这些平面图形时,大家都注意到,插入的图形中心位置都出现了一个小白圈,这个小白圈同基本几何体中一样,也是起捕捉定位点的作用。拉出图形后,当点击鼠标左键,图形就会定位在小白圈捕捉到的点的位置。

7.3　倒圆角,吸附

　　下面我们来学习一个倒圆角工具和实体吸附工具。

7.3.1　倒圆角

　　这里倒圆角(Fillet),是对实体进行倒圆角,这个工具命令在修改(Modify)工具条的下级工具条中,快捷键为(E)(见图 7-10)。

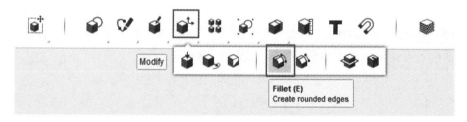

图 7-10　倒圆角工具

　　我们可以有三种方式调用这个工具命令:

　　第一种方式,选定多面体的一条棱,界面上会出现一个小齿轮,将鼠标移到小齿轮上,齿轮边会出现三个按钮,中间的按钮就是倒圆角(见图 7-11)。

　　单击倒圆角按钮出现图 7-12 灰色对话框,同时在选取的棱上出现一个白色的箭头。

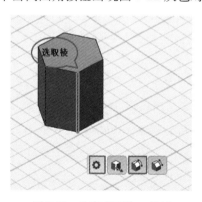

图 7-11　选定多面体一条棱

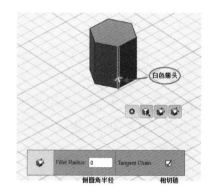

图 7-12　倒圆角对话框及白色箭头

　　我们可以用鼠标左键按着白色箭头沿箭头方向推,就出现了圆角(见图 7-13)。也可以在下面的对话框中直接输入倒圆角半径(Fillet Radius),这样可以精确地控制倒圆角半径到小数点后第三位(见图 7-14)。灰色对话框中还有一个勾选项相切链(Tangent Chain),确定倒圆是否同相临的图元相切,在我们这儿就是选取的棱左右两个矩形面,大多勾选这一项,所以一般不用管它。

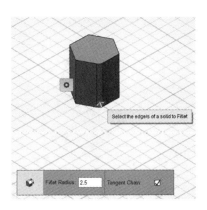

图 7-13　推动白色箭头

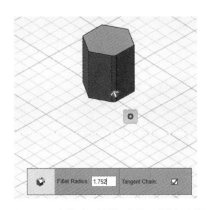

图 7-14　直接在对话框中输入圆角半径

　　除了以上先选取棱在弹出的齿轮中调用倒圆角工具命令,第二种方式,也可以直接点击工具条中的倒圆角命令按钮或者直接使用快捷键"E",其效果都是一样的(见图 7-15)。

　　第三种方式,对几条棱同时倒圆角。要同时对几条棱进行倒圆角,可以先选取棱,再点击倒圆角命令按钮或直接用快捷键"E";也可以先点击倒圆角命令按钮或直接用快捷键"E",然后再选取要进行倒圆角的棱,在灰色对话框中直接输入倒圆角半径(见图 7-16)。

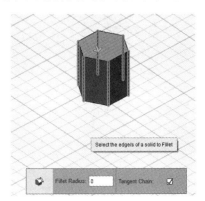

图 7-15　选定对多条棱同时倒圆角

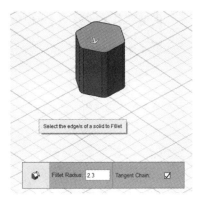

图 7-16　直接在对话框中输入圆角半径

7.3.2　吸附

　　123D 提供了一个吸附工具(Snap),这个吸附工具在模型装配中非常有用,可以将做好的多个模型部件给拼装到一起,形成一个完全的模型。我们这一节会用到这个工具命令,所以我们先来学习一下。吸附工具按钮在主工具条上(见图 7-17)。

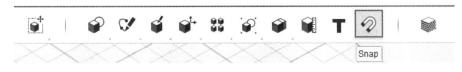

图 7-17　吸附工具

　　先在栅格面上放两个几何体:立方体、四棱锥(见图 7-18)。

　　单击吸附(Snap)工具按钮,先点击选取四棱锥的底面,再点击选取立方体的上底面,见图7-19 所示效果。换个顺序,单击捕捉(Snap)工具按钮,先点击选取立方体的上底面,再点击选取四棱锥的底面,图 7-20 所示效果。注意,选取面的顺序不一样,其效果会有差异。

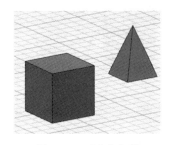
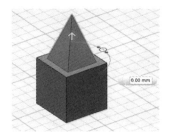
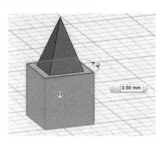

图 7-18　两个几何体　　　　图 7-19　先选四棱锥再选立方体　　　图 7-20　先选立方体再选四棱锥

再注意图 7-20 中出现了一个箭头和一个双箭头操作器,拖动这个箭头可以沿箭头方向或箭头反方向移动对象,拖动双箭头可以旋转对象(见图 7-21)。注意,捕捉时不同的点击选取顺序,移动和旋转的对象不一样(见图 7-22)。

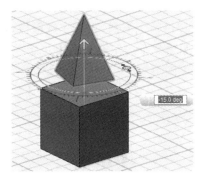
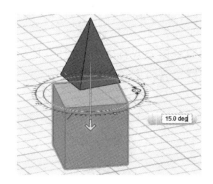

图 7-21　用吸附工具旋转　　　　　　　图 7-22　选取顺序影响旋转对象

7.4　实例——飞机模型

下面我们来看一个实例,们来试着建一个飞机模型,也就是本章开始的那个飞机模型,我们先来看看怎么将机身做出来。

图 7-23 给出了飞机机身各部分的尺寸。我们一个一个来做,做完再组装起来。

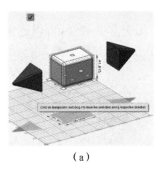
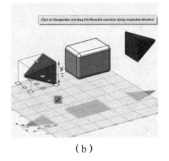
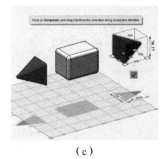

（a）　　　　　　　　　　（b）　　　　　　　　　　（c）

图 7-23　飞机各部分尺寸

（a）飞机机身的尺寸　（b）飞机机头的尺寸　（c）飞机机尾的尺寸

7.4.1　四方体部分

点击立方体按钮,在栅格面上插入一立方体,修改长、宽、高到需要的尺寸,如图 7-24 所示。

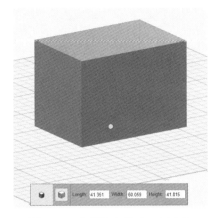

图 7-24　在栅格上插入一四方体

对四方体各条棱进行倒圆角,用快捷键"E"或点击工具条中倒圆角按钮,然后选取四方体 12 条棱(见图 7-25),并在对话框中输入圆角半径 5,并点击鼠标确认(见图 7-26)。

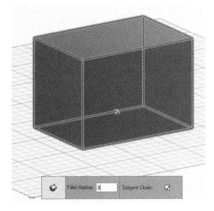

图 7-25　选取 12 条棱

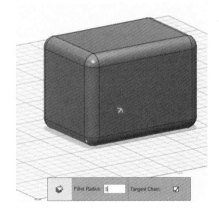

图 7-26　在对话框中输入圆角半径 5

7.4.2　四棱锥部分

点击棱锥按钮,向栅格面上插入一四棱锥,并修改半径和高度到需要的尺寸(见图 7-27)。

对棱锥各条棱进行倒圆角,用快捷键"E"或点击工具条中倒圆角按钮,然后选取四棱锥 4 条棱(见图 7-28),并在对话框中输入圆角半径 2.5,并点击鼠标确认(见图 7-29)。

用同样的方法做出机身后部的四棱锥体。

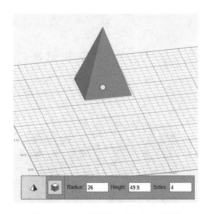

图 7-27　向栅格上插入四棱锥

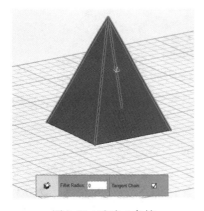

图 7-28　选取 4 条棱

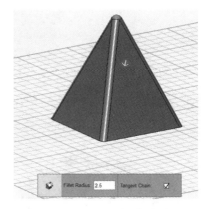

图 7-29　在对话框中输入圆角半径 2.5

7.4.3　装配

这样我们就将机身的三个部分全部做出来了(见图 7-30),下面我们用吸附工具将三部分给连接装配到一起(见图 7-31)。注意选取接触面的顺序。

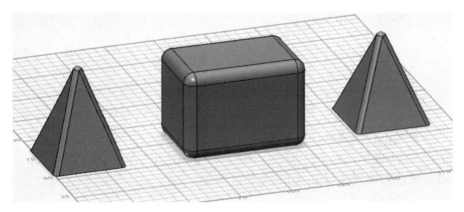

图 7-30　机身的三个部分

我们再给各部分加上颜色(见图 7-32)。机身就完成了。

图 7-31　将三部分装配到一起

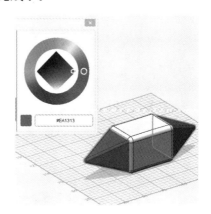

图 7-32　上色

本章小结

本课学习了几种基本几何体,并学习了倒圆角和吸附两个工具命令。

第8章　布尔运算

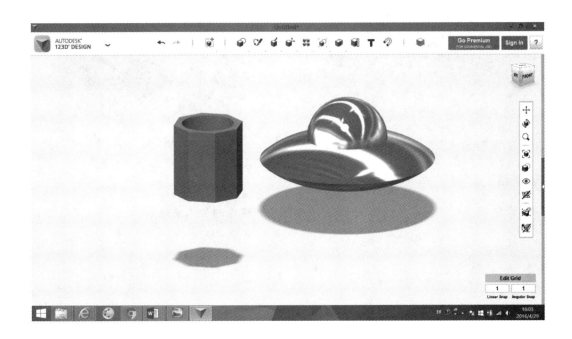

8.1　并差交工具

在工具条中结合（Combine）的下级工具条中，有三个非常重要的工具按钮，分别是并（Merge，快捷键[）、差（Subtract 快捷键]）、交（Intersect 快捷键\），这就是所谓的布尔运算（见图 8-1）。通过布尔运算可以用两个或两个以上的对象，组合形成一个新的对象。

图 8-1　布尔运算——并差交工具

8.1.1　并运算

并运算（Merge），快捷键为（[），可以将两个对象合并到一起，组合成一个新的整体。如上一章我们制作了飞机机身，虽然最后将两个四棱锥和一个四方体连到了一起，但其实它们并不是一个整体，依然还是三个部分，所以他们的颜色可以是不一样的。下面我们来运用"并"运算，看会出现什么结果。

点击并运算工具,出现图 8-2 灰色提示条 Target Solid/Mesh 和 Source Solid(s)/Mesh(es),字面意思"目标实体/网格"和"源实体/网格",目标实体/网格只能是一个,而源实体/网格可以是一个或多个。从这个提示条可以看出来,对象的选取是有区别的。其区别也就是选取时的先后顺序。第一个选取的实体对象就是"目标实体/网格",第二个或更多的选取对象,就属于"源实体/网格"。下面我们分三种情况来做并运算:

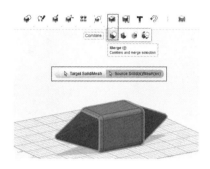

图 8-2　并运算

(1) 点击并运算工具后,先选取中间部分,再依次选取左、右两部分,三个对象都选中后,点击工作区界面的任意位置确认(见图 8-3)。

(2) 点击并运算工具后,先选取左边部分,再依次选取中、右两部分,三个对象都选中后,点击工作区界面的任意位置确认(见图 8-4)。

(3) 点击并运算工具后,先选取右边部分,再依次选取左、中两部分,三个对象都选中后,点击工作区界面的任意位置确认(见图 8-5)。

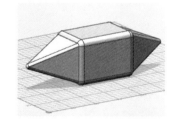  

图 8-3　选取对象顺序 1　　　　图 8-4　选取对象顺序 2　　　　图 8-5　选取对象顺序 3

大家注意到,当我们选取了第一个对象后,灰色提示条会自动从 Target Solid/Mesh 切换到 Source Solid(s)/Mesh(es)。当三个部分选中并点击界面任意位置确认后,我们发现三种选取顺序,结果有点差异,从颜色能看出来:第一种选取顺序,新对象的颜色同中间部分一样;后两种选取顺序,新对象的颜色同前后两部分颜色一样。可见"并运算"形成的新对象特征,同 Target Solid/Mesh 保持一致。

我们运用并运算,可以将两个或两个以上对象,合并成一个新的对象,也即新的整体。这样就能将几个简单的几何体合并成一个复杂的几何体。前面我们曾经将两个球体,合并成雪人的身体。

8.1.2　差运算

差运算(Subtract),快捷键为(]])。Subtract 字面上的意思就是数学中的"减"法运算,A—

B,留下的是 A－A 和 B 的共同部分。下面我们看一个例子。

先在工作区栅格上插入一立方体,然后再插入一个球体,并利用新插入球体中白色环的捕捉功能,将球体尽可能放在立方体的一个顶点上(见图 8-6)。

选取球体,向下移动球体,同立方体形成交叉的部分,这个交叉的部分也就是共同部分(见图 8-7)。

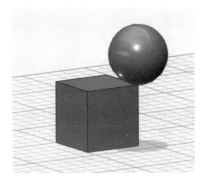

图 8-6 置球体于立方体一个顶点

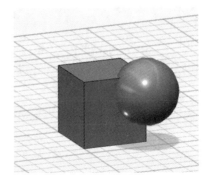

图 8-7 球体与立方体形成交差

下面我们用两种方式来做立方体和球体这两个对象的差运算:

点击差运算工具后,先选取立方体,再选取球体,两个对象都选中后,点击界面的任意位置确认(见图 8-8,图 8-9)。

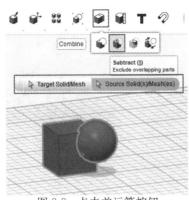

图 8-8 点击差运算按钮

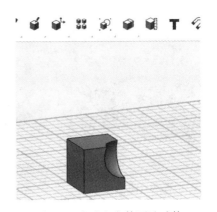

图 8-9 先选立方体再选球体

点击差运算工具后,先选取球体,再选取立方体,两个对象都选中后,点击界面的任意位置确认(见图 8-10,图 8-11)。

我们发现,同样的立方体和球体,两者相对位置没有变,但选取顺序不一样,"差"运算后的结果会不一样。

同运算"并"一样,点击差运算按钮后,工作区上同样出现了一个灰色提示条 Target Solid/Mesh 和 Source Solid(s)/Mesh(es),目标实体/网格只能是一个,而源实体/网格可以是一个或多个。当选取一个对象后,灰色提示条会自动从 Target Solid/Mesh 切换到 Source Solid(s)/Mesh(es),点击界面任意位置确认。从上面差运算的结果可以看出,留下的是 Target Solid/Mesh,减去 Target Solid/Mesh 和 Source Solid(s)/Mesh(es)的公共部分。所以上面立方体和球体因为选取顺序不一样,最后得到的新对象也就不一样。

运用"差"运算,我们可以将一个实体掏出一个空腔,也可以在一个实体中打上一些特定的孔,还可以利用"差"运算,对实体进行切削,把不需要的部分给切掉。

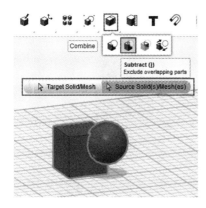

图 8-10　点击差运算按钮

图 8-11　先选球体再选立方体

8.1.3　交运算

交运算(Intersect),快捷键为(\)。两个对象或多个对象做交运算后,留下下的就是所有对象的公共部分。

如图 8-10,图 8-11 这个立方体同球体的例子做"交"运算,我们看看结果会是怎样的?

交运算的结果,是留下了两个对象的公共部分。同并、差一样,也可以是多个对象的公共部分(见图 8-12,图 8-13)。

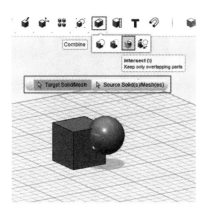

图 8-12　点击交运算工具

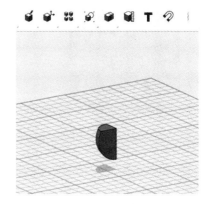

图 8-13　交运算结果

8.2　实例——笔筒,飞碟

8.2.1　笔筒

下面我们看一个实例,做一个笔筒。

先向工作区插入一个多棱柱(见图 8-14)。

再插入一个圆柱体,并利用白圈的捕捉功能,将圆柱体放置在上面多棱柱的上表面上(见图8-15)。

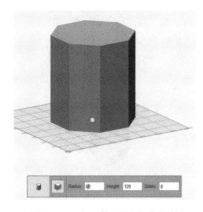

图8-14　在工作区插入多棱柱

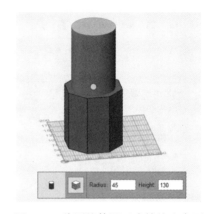

图8-15　将圆柱体置于多棱柱上表面

利用移动工具,将圆柱体向下移动110mm,如图8-16所示。

点击差运算按钮,先选取多棱柱,后选取圆柱体,然后点击界面任意位置确认。

这样多棱柱就被掏出了一个空腔,一个简单的笔筒也就完成了,如图8-17所示。

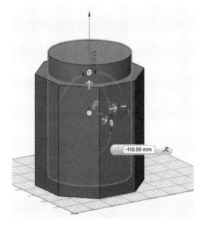

图8-16　将圆柱体向下移动110mm

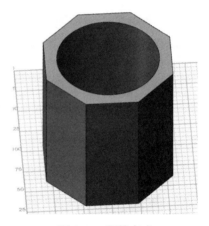

图8-17　笔筒完成

8.2.2　飞碟

向工作区栅格上插入一个球体,如图8-18所示。

选取球体,用键盘上的快捷键"Ctrl+C"和"Ctrl+V",复制一个一样大小的球体,并拖动弹出的操作器向上箭头将复制得到的球体提升到50mm的位置,如图8-19所示。

点击交运算按钮,先后选择两个球体,并点击界面任意一点确认(见图8-20,图8-21)。

同传说中的飞碟比,好象不够扁平,怎么办?

123D有办法,点击将这个新对象选中,然后利用缩放工具(见图8-22),Z轴方向保持不变,X轴、Y轴方向都放大到原来2倍(见图8-23)。

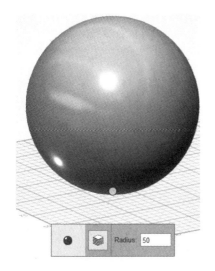

图 8-18　向栅格上插入一个球体

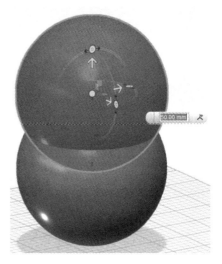

图 8-19　复制一个球体并提升 50 mm

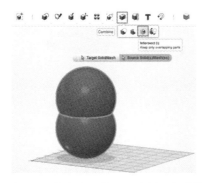

图 8-20　点击交运算工具选择两个球体

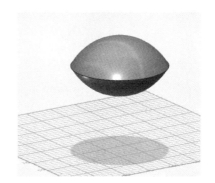

图 8-21　点击任一位置确认

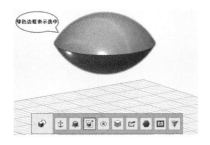

图 8-22　放大工具

图 8-23　X 轴 Y 轴方向放大 2 倍

　　传说中的飞碟还有一个顶，象是一个住外星人的地方，下面我们也给加上。向工作区再插入半径为 40 mm 的球体（见图 8-24）。

　　再用对齐工具，将球体移到扁平的飞碟中心位置（见图 8-25）。

　　再做"并运算"，将两个实体合并（见图 8-26）。

　　再给加上材质，就成了下面这个样子（见图 8-27）。

　　闪闪发亮的飞碟，很炫很酷，虽然没有人看到过，但我们把模型做出来了，不错吧！

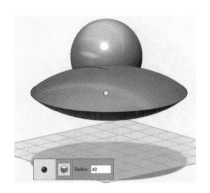

图 8-24　插入一半径为 40 mm 的球体

图 8-25　使用对齐工具

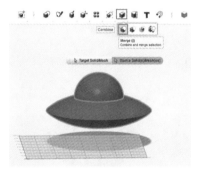

图 8-26　用并运算将两个实体合并

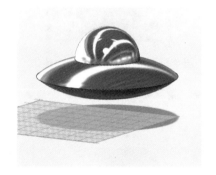

图 8-27　飞碟模型完成

本章小结

本章内容我们学习了并、差、交布尔运算,灵活运用可以用一些基本的几何体,构建成一些复杂的几何体。这是 3D 建模的一种重要方法和思路,要多思考多练习,学会灵活运用。

第9章 2D草绘工具——草绘图形生成3D模型

本章我们学习 2D 草绘工具,以草绘图生成 3D 模型。前面我们学习了用各种基本几何体构建一个模型,但很多时候,模型不能通过基本几何体的简单变换或修改得到,这时怎么办? 123D 提供了用 2D 草绘生成 3D 模型的工具。掌握了 2D 草绘工具,就能做出任意想做的 3D 模型来,可以这么说,2D 草绘的技术的好坏,决定着你做 3D 模型的水平的高低,所以本章内容希望大家用心学习,反复练习。草绘工具在草绘工具条中(见图 9-1)。

图 9-1　2D 草绘工具

9.1　矩形,多边形,圆,椭圆

9.1.1　矩形

在草绘工具条中点击草绘矩形(Sketch Rectangle)按钮,点击鼠标进入草绘状态;然后在栅格面上点击一下作为矩形的一个顶点,拖动鼠标,到需要的大小;再点击确定对角顶点,矩形就确定下来了。为精确画出矩形的大小,可以在对话框中直接输入矩形的长和宽(见图 9-2)。然后按 Enter 键确认,这时对话框边上出现一个黄色的小锁,表示长度值锁定(见图 9-3)。

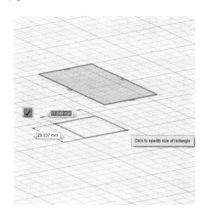

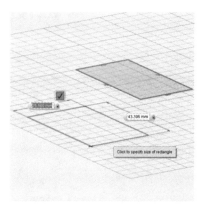

图 9-2　矩形工具　　　　　　　　　　　图 9-3　锁定矩形大小

9.1.2　多边形

在草绘工具条中点击草绘多边形(Sketch Polygon)按钮,点击鼠标进入草绘状态;然后在栅格面上点击一下确定多边形外接圆的圆心,拖动鼠标,到需要的大小(见图 9-4);再点击确定多边形就确定下来了。多边形的边数默认值为 6,如果需要修改可以在对话框中输入需要的边数(见图 9-5)。为精确画出多边形的大小,也可以在对话款中直接输入多边形外接圆的半径和边数,然后按 Enter 键确定。

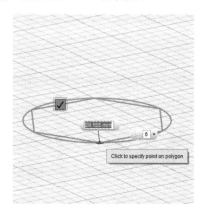

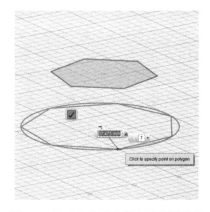

图 9-4　多边形工具　　　　　　　图 9-5　修改多边形边数和外接圆半径

9.1.3　圆

在草绘工具条中点击圆(Sketch Circle)按钮,点击鼠标进入草绘状态,然后在栅格面上点击一下确定圆心,拖动鼠标,到需要的大小,再点击鼠标将圆确定下来,如图 9-6 所示。也可以在对话款中直接精确输入圆半径,然后按 Enter 键确认(见图 9-7)。

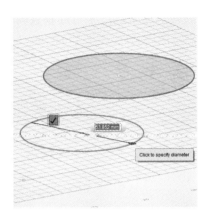

图 9-6　圆形工具

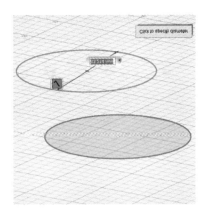

图 9-7　锁定圆形半径

9.1.4　椭圆

　　在草绘工具条中点击椭圆按钮,点击鼠标进入草绘状态;然后在栅格面上点击一下确定椭圆心,拖动鼠标,确定一个半径后点击确认(见图 9-8);继续拖动鼠标确定另一个半径,点击确认(见图 9-9)。

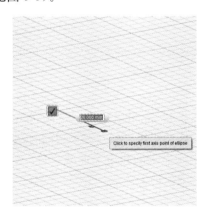

图 9-8　确定椭圆一个半径

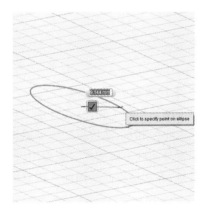

图 9-9　确定椭圆另一个半径

9.2　多段线,样条线,两点弧,三点弧

9.2.1　多段线

　　123D 中没有其他作图软件中的直线工具,但多段线(Polyline)可以用来画相互连接的直线,也可以画曲线(见图 9-10)。

　　1) 多段线工具画直线

　　为了看得清楚,将视图切换到上视图,在草绘工具条中单击多段线(Polyline)按钮,单击鼠标进入草绘状态,单击栅格上一点作为起点。然后拖动鼠标画出直线,这时会出现两个对话框,一个显示直线段长度,另一个显示线段同栅格线的夹角,到了需要的长度单击鼠标确定线段端点。继续拖动鼠标,会拖出新的线段,这时也会出现两个对话框,一个显示直线段长度,另一个显示线段同栅格线或前段线段的夹角。当新画的线段同原来线段平行或垂直时，还会出现"平行"、"垂直"符号。直线画完后单击绿色方块，退出草图模式（见图 9-11）。

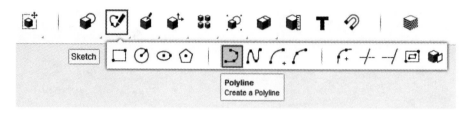

图 9-10　多段线工具

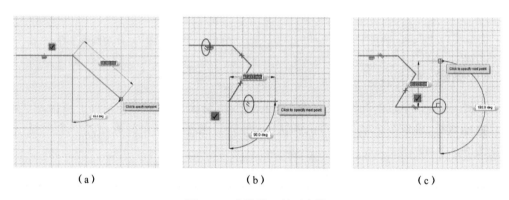

（a）　　　　　　　（b）　　　　　　　（c）

图 9-11　多段线工具画直线

（a）长度和夹角　（b）两线段平行　（c）两线段垂直

2）多段线画曲线

将视图切换到上视图，在草绘工具条中单击多段线按钮，点击鼠标进入草绘状态，单击栅格上一点作为起点，然后直接拖动鼠标，画出的是直线，如果按住鼠标左键不放同时拖动鼠标，画出的就是曲线。画曲线时也会出现一个对话框，框中所显示的数字为曲线半径。另外还有一个符号，表示这段曲线同前一段直线是相切的〔见图 9-12（a）〕。

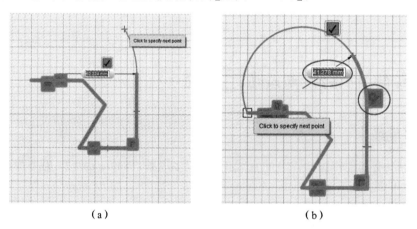

（a）　　　　　　　　　　　（b）

图 9-12　多段线画曲线

（a）多段线拉出一条曲线　（b）曲线和直线构成一个封闭的面域

我们继续上面的直线图,在草绘工具条中点击多段线按钮,点击鼠标进入绘图状态,点击上面直线终端端点,按住鼠标左键不放同时拖动鼠标,画出曲线并同直线的起点连接起来,这样就做出了一个既有直接也有曲线的封闭 2D 图形,点击绿色方块退出草绘模式[见图 9-12(b)]。

9.2.2　样条线

123D 中还有一个画曲线的工具,样条线(Spline)。样条线可以很方便地画出各种曲线,曲线画好后拖动线上小圆圈还可以对曲线进行调整修改。

将视图切换到上视图,在草绘工具条中点击样条线按钮,点击鼠标进入草绘状态,点击栅格上一点确定曲线起点,移动鼠标并点击一系列点构成一段曲线。点击绿色方块退出绘图模式后,构成曲线的这一系列点会变成小圆圈,用鼠标左键按住这些小圆圈并拖动鼠标可以调整曲线,反复调整到满意。改用多段线画一条直线连接曲线起点和终点,将曲线闭合起来,点击绿色方块退出绘图模式(见图 9-13)。

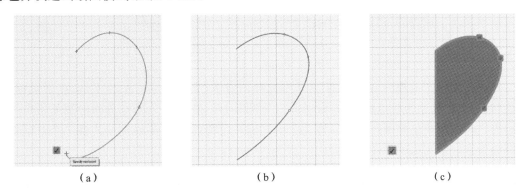

（a）　　　　　　　　　（b）　　　　　　　　　（c）

图 9-13　用样条线和多段线画半个心形面域

（a）样条线画一条曲线　（b）调整曲线成半个心形　（d）连接曲线端点成封闭面域

选取曲线,界面上会出现小齿轮工具条,在小齿轮工具条中点击镜像(Mirror)工具,做这段曲线的镜像(见图 9-14)。

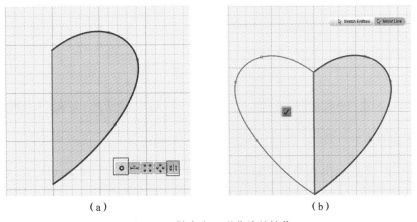

（a）　　　　　　　　　　　　　　（b）

图 9-14　做半个心形曲线的镜像

（a）镜像工具　（b）做半个心形曲线的镜像

接着再用剪切工具将中间的直线剪切掉,这样就形成了一个封闭的心形曲线(见图9-15)。

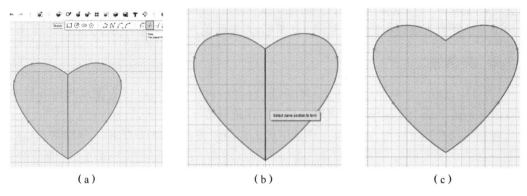

（a）   （b）   （c）

图9-15　修剪中间直线成完整的心形面域

（a）修剪工具　（b）选取要去掉的直线　（c）点击修剪确认

这个图我们保存好,后面我们会用这个图做一个心形项链挂件。

9.2.3　两点弧

将视图切换到上视图,在草绘工具条中选择两点弧(Two Point Arc)工具,点击鼠标进入草绘状态,点击栅格上一点确定圆弧的圆心(见图9-16),在另一位置点击确定圆弧始点,圆心同始点之间的距离就是圆弧半径。拖动鼠标画出一段圆弧,拖动鼠标时会出现一个对话框,对话框中数字显示圆弧的角度(见图9-17)。

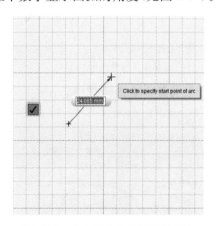 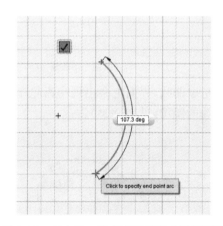

图9-16　点击栅格确定圆弧的圆心　　　　图9-17　点击另一定确定半径拖动鼠标画弧

9.2.4　三点弧

将视图切换到上视图,在草绘工具条中选择三点弧(Three Point Arc)工具,点击鼠标进入草绘状态,点击栅格上一点作为圆弧起点,再点击另一点为圆弧终点(见图9-18),拖动鼠标到另一点点击就确定了圆弧。三点确定圆弧(见图9-19)。

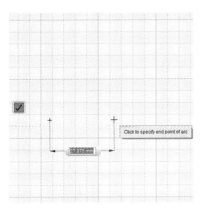

图 9-18　确定圆弧起终点

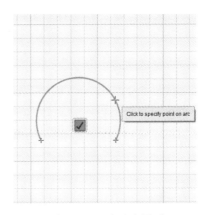

图 9-19　三点确定圆弧

9.3　草图圆角,剪切,延伸,轮廓偏移,投影

9.3.1　草图圆角,剪切,延伸,轮廓偏移

将视图切换到上视图,用多段线画一个四方形,然后分别使用草图圆角(Sketch Fillet)、剪切(Trim)、延伸(Extend)、轮廓偏移(Offset)工具,将图做成最后的样式,保存。

(1) 将视图切换到上视图,在草绘工具条中点击样多段线按钮,点击鼠标进入草绘状态,点击栅格上一点作为起点,然后拖动鼠标,画出四条相互垂直的直线构成一矩形,点击绿色方块退出绘图模式。

(2) 在草绘工具条中点击草图圆角(Sketch Fillet)按钮,将鼠标移到矩形上方,矩形变绿色高亮,用鼠标点击一下进入编辑草图模式。接着将鼠标移到要圆角的顶点,或者先后选择要圆角的两条相交的边,相交的两边间出现一条红色的圆弧同时工作区下面出现一个灰色的对话框,点击鼠标弧线上出现一个箭头。我们可以拖动箭头来改变圆角半径,也可以直接在对话框中输入圆角半径,然后点击工作区任意位置确认。我们用同样的方式做两个圆角,圆角半径都为 16.25 mm。圆角同相连直线间有一个相切标志[见图 9-20(a)、(b)、(c)]。

(3) 在草绘工具条中点击剪切(Trim)按钮,将鼠标移到矩形上方,矩形周围加上一周绿色高亮线,用鼠标点击一下进入编辑草图模式。接着将鼠标逐一移到要剪切的两个交叉线上,交叉线变红色,点击鼠标红色线被逐一切除[见图 9-20(d)]。

(4) 在草绘工具条中点击轮廓偏移(Offset)按钮,将鼠标移到矩形上方,矩形周围加上一周绿色高亮线,用鼠标点击一下进入编辑草图模式。点击矩形任一边,然后向内或向外拖动鼠标,会在矩形内部或外部出现一个新的红色矩形轮廓,并随鼠标拖动而缩小或放大,并同时出现一灰色对话框,对话框中显示新轮廓同原轮廓之间的距离。点击鼠标确认,点击绿色方块退出编辑模式[见图 9-20(e)、(f)]。

(5) 接着在草绘工具条中点击延伸(Extend)按钮,将鼠标移到矩形上方,矩形周围加上一周绿色高亮线,用鼠标点击一下进入编辑草图模式。然后将鼠标移到要延伸的线端,直线会延伸出一条直到被前方的线挡住为止的红色延伸线,点击鼠标确认。重复这一动作,做出四条延伸线[见图 9-20(g)]。

（6）再选择剪切工具,将四条多余的线段剪切掉,整个图就完成了,保存图形［见图 9-20(h)、(i)］。

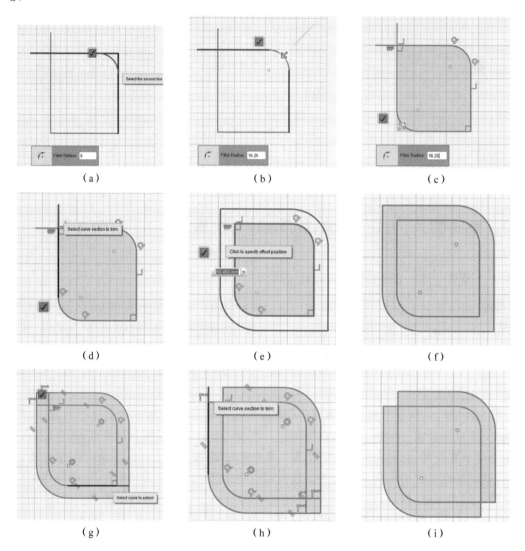

图 9-20　草图圆角剪切延伸轮廓偏移

（a）草图圆角　（b）草图圆角　（c）草图圆角　（d）剪切

（e）轮廓偏移　（f）轮廓偏移　（g）延伸　（h）剪切　（i）完成

9.3.2　投影

123D 还可以将一个立体图形的轮廓投影到一个指定的平面上。专业 3D 建模软件都有这种功能,我们来看两个例子。

将立体图形的轮廓投影到栅格平面上,向工作区拖入一个立方体,大小默认,用移动工具将立方体向上提到离开栅格平面。

在草绘工具条中点击投影按钮(Project)按钮(见图 9-21),然后点击栅格平面选定为投影平面并进入投影模式。

图 9-21　投影工具

接着移动鼠标到立方体，可以选择一条边、一个面、一个顶点作为投影的对象，也可以选择多个元素（边、面）作为投影对象，这时选择的对象周围会出现绿色高亮线，同时在栅格平面上出现对象的红色投影，我们选择所有棱或面，然后点击绿色方块退出投影模式，在栅格面上就留下了一个绿色的立方体投影（见图 9-22）。

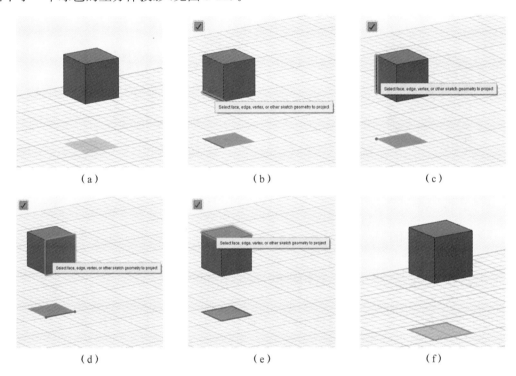

　　（a）　　　　　　　　　　（b）　　　　　　　　　　（c）

　　（d）　　　　　　　　　　（e）　　　　　　　　　　（f）

图 9-22　立方体棱面投影到栅格面上

下面我们利用移动旋转工具，将立方体转动一下再做投影。最后选择所有的棱或面，然后点击绿色方块退出投影模式，在栅格面上就留下了一个绿色的立方体投影（见图 9-23）。对比图 9-22，可以看到立方体摆放不一样，投影的结果也不一样。

以上两个举例将物体轮廓投影到栅格平面上，也可以将物体轮廓投影到指定的其他平面上。下面我们再来看一个例子。向工作区拖入一个（5 mm×40 mm×40 mm）四方体，向工作区拖入一四棱锥，用移动旋转工具将四棱锥摆放到立方体正前方并倾斜一个角度。接着在草绘工具条中点击投影按钮（Project），然后点击立方体面选定为投影平面并进入投影模式，这时我们发现栅格也竖起来在立方体面上（见图 9-24）。用鼠标选择四棱锥的各个棱或面，再点击绿色方块退出投影模式，在立方体面上就留下了绿色四棱锥轮廓的投影（见图 9-25）。

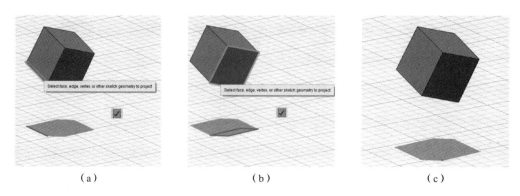

（a）　　　　　　　　　（b）　　　　　　　　　（c）

图 9-23　侧放的立方体投影到栅格面上

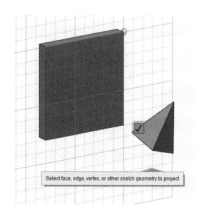

图 9-24　选取四方体的面为投影平面

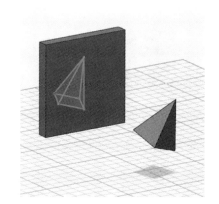

图 9-25　将四棱锥的面投影到四方体面上

9.4　由 2D 草绘图形生成 3D 模型——拉伸工具

前面几节，我们一一学习了如何使用草绘工具，只有经过反复练习，熟练掌握这些工具后，大家才会发现自己的 3D 建模水平提高很多，并且建模时更加灵活自由。

前面学习的这些 2D 草绘工具做出的都是 2D 图形，但这不是我们的目的，我们目的是 3D 建模，那么如何用这些 2D 图形生成 3D 模型呢？这是要继续学习的内容，本节我们先来学习一个最常用的工具，即拉伸工具（Extrude）。这个工具在工具条构建工具（Construct）的下级子工具条中。当我们选定一个拉伸面时，这个工具也会出现在工作区的小齿轮工具条中（见图 9-26）。

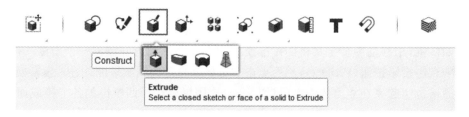

图 9-26　拉伸工具（Extrude）

　　下面我们就将上几节中学习的一个 2D 图形(心形)用拉伸工具转变成 3D 图形。

　　例:心形挂坠

　　先启动 123D,进入工作界面,单击左上角向下按钮,调出主菜单,依次将鼠标指向导入(Import...),3D 模型(3D Model)并点击(见图 9-27),跳出下面导入工程/项目(Import Project)对话框。在此对话框中选择浏览我的电脑(Browse My Computer)页面,点击浏览(Browse...)按钮(见图 9-28)。后面的过程就同其他打开文件一样的,在电脑中找到我们前面一节课保存的心形 2D 图形打开(见图 9-29)。

图 9-27　导入 3D 模型

图 9-28　浏览查找保存在电脑中的"心"形草图

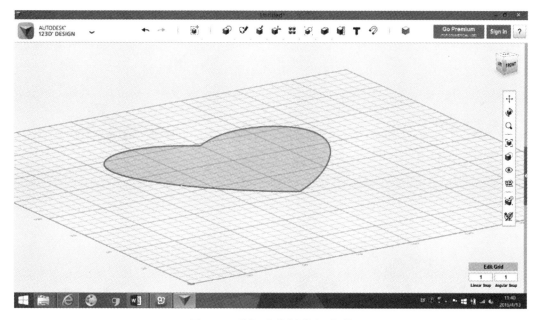

图 9-29　将"心"形草图导入栅格

　　导入 2D 图形后,将鼠标移到心形图形上方,图形周边会出现绿色高亮线条,这时单击鼠标将心形面选中,整个心形封闭的面变成蓝色,同时出现一个小齿轮工具[见图 9-30(a)]。

　　鼠标指向小齿轮,会出来一个工具条,这里是可以对这个封闭面进行进一步操作的各种工具。选择点击拉伸工具(Extrude),这时心形面上出现一个向上的白色箭头,同时边上出现一个对话框[见图 9-30(b)、(c)]。

我们可以在这个对话框中直接填写拉伸的高度,也可以用鼠标按住向上的白色箭头向上或向下拉动箭头,可以将封闭的心形 2D 面拉伸到我们希望的高度为止[见图 9-30(d)、(e)]。

按住白色箭头拉伸时,箭头变成黄色,同时出现一个垂直心形面的环,环上还有一双箭头。这个双箭头有什么用? 我们不妨试。用鼠标按住这个双箭头沿所在环左右拖动双箭头,发现拉伸出来的心形上表面会放大或缩小。拖动双箭头时,边上的对话框中显示的不再是拉伸高度,而自动变成显示双箭头移动的角度。

我们向右拖动双箭头到一定角度,然后再拖动双箭头到−40 度,这个角度也可以直接在对话框中输入,单击鼠标确认,这时心形 2D 图形就变成了一个有一定高度且两个底面大小不一样的心形 3D 图形了[见图 9-30(f)]。

我们进一步对这个 3D 图形进行一些修改,先使用倒圆角工具,对心形图形的上表面边沿进行倒圆角,倒圆角半径 18 mm;对下表面边沿倒圆角半径 2 mm[见图 9-30(g)、(h)]。

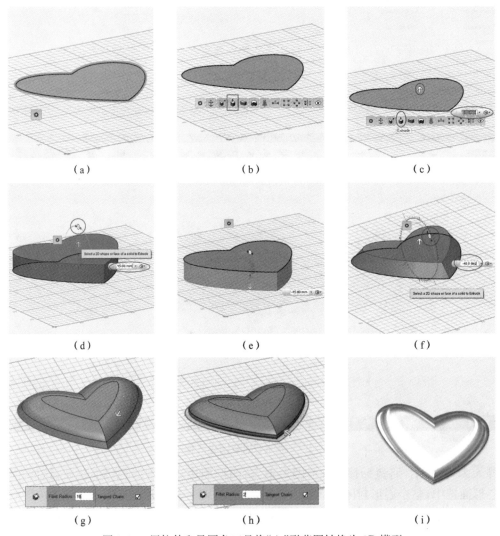

图 9-30　用拉伸和导圆角工具将"心"形草图转换为 3D 模型

这样一个心形挂坠就出来了，接着再进行一些渲染和修饰。首先给图形加上材质银色，再用工作区右边的导航条中按钮，单击显示隐藏栅格（Grid Visibility ON/OFF）按钮，隐藏草图（Hide Sketches）按钮，只显示材质（Materials Only）按钮。最后一个看上去还不错的心形挂坠就完成了［见图 9-30(i)］。

9.5　实例——机翼，尾翼，齿轮，机械零件

上节我们做了个心形挂坠，这一节我们以机翼、尾翼、齿轮和一个机械零件为例来讲解，如何从草图开始做一个 3D 图形。

9.5.1　机翼

在草绘工具条中点击草绘矩形（Sketch Rectangle）按钮，点击鼠标进入草绘状态，然后在栅格面上点击一下作为矩形的一个顶点，拖动鼠标，在栅格面上画一个 128 mm×76 mm 的矩形［见图 9-31(a)］。

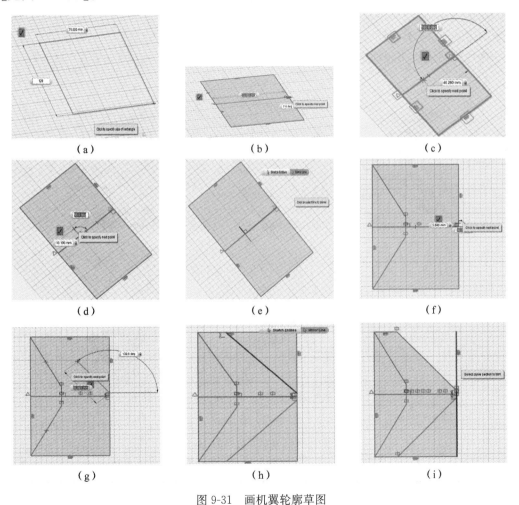

图 9-31　画机翼轮廓草图

用多段线(Polyline)工具画一条连接两长边中点的直线,姑且称之为中位线[见图 9-31(b)]。

用多段线(Polyline)工具画一个离矩形右边 46.26 mm,长度 10.10 mm 垂直于上面中位线的线段[见图 9-31(c)、(d)]。

选取这条 10.10 mm 线段,在跳出的小齿轮工具条中选择镜像工具,作一对中位线的镜像[见图 9-31(e)]。

用多段线(Polyline)工具画两条直线,分别连接将这两段 10.10 mm 线段的端点[见图 9-31(f)]。

用多段线(Polyline)工具,以中位线一条长边上离中点 3.58 mm 的点为起点,画一条直线同栅格呈 132 度角,一直画到同矩形的短边相连[见图 9-31(g)]。

再一次调用镜像工具,作刚画的这条线对中位线的镜像[见图 9-31(h)]。

调用剪切工具,将多余的线段都剪切掉[见图 9-31(i)]。

这样机翼的轮廓 2D 草图就画出来了。

选定机翼草图面,在跳出的齿轮工具条中选择拉伸(Extrude)工具,点击草图面,在对话框中直接输入 3.3,然后点击鼠标确认,这样就生成了机翼的 3D 图形[见图 9-32(a)]。

调用倒圆角工具,对机翼上面两条边进行倒圆角,倒圆角半径为 12 mm[见图 9-32(b)]。

再调用倒圆角工具,对机翼上面另外四条边进行倒圆角,圆角半径为 1.65 mm[见图 9-32(c)]。

为做好的机翼加上材质渲染[见图 9-32(d)]。

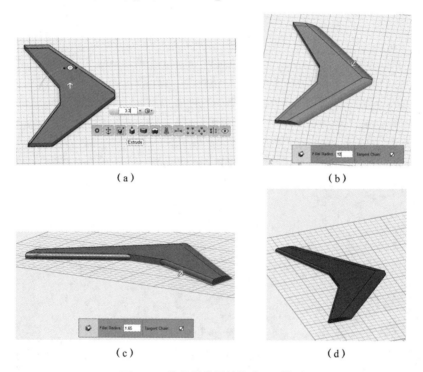

图 9-32   将机翼草图转换为 3D 模型

到此,机翼 3D 模型就做出来了。这里要说明的一点是,这不是最简单的画法,只是为了给大家介绍这些功能工具才这样画,同学们完全可以找到更简单方便的画法画出这个 3D 模型,这个说明对以后很多模型的作法都适用。

9.5.2　尾翼

这飞机不仅有机翼,还有两个竖立的尾翼和一个横着的尾翼[见图 9-33(a)、(b)]。从外观来看,这三个尾翼同机翼都差不多,只是大小有点差别,所以不再具体讲解,同学们可以自己仿照机翼的画法做出飞机尾翼。希望大家能找到比刚才讲解机翼更简单方便的画法,相信你肯定能做到!

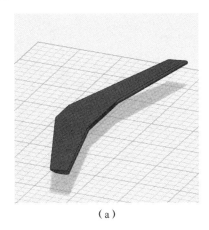
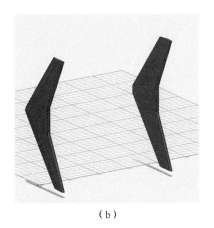

（a）　　　　　　　　　　　　　　　　　（b）

图 9-33　尾翼

9.5.3　齿轮

下面再讲解一个实例,学习做一个齿轮。这是机械上最常见的一个传动零部件。

在草绘工具条中点击圆(Sketch Circle)按钮,工作区点击鼠标进入草绘状态,然后在栅格面上点击一下确定圆心,在对话款中直接精确输入圆半径 100 mm,再按 Enter 键确认(见图 9-34)。

将视图切换到上视图,在草绘工具条中单击多段线(Polyline)按钮,将鼠标移到圆环上,圆环周围出现绿色线条,单击鼠标进入编辑草图状态。移动鼠标到圆环上,光标变成十字叉,十字叉捕捉到圆环的最高点后单击这一点作为线段的起点,拖动鼠标向下画出一条指向圆心长 12 mm 的线段(见图 9-35)。

再用多段线(Polyline)工具,以 12 mm 线段同圆环的交点为起点,画一条 10 mm 线段交环于另一点(见图 9-36)。

改用样条线(Spline)工具画一条曲线将以上两线段的端点连接起来,单击绿色方块退出草绘状态。调整样条曲线上小圆圈,直到满意(见图 9-37)。

调用剪切工具,将上面一条线段减去(见图 9-38,图 9-39)。

将鼠标移到线段、样条线、圆环相互连接封闭的三角形区域到周围出现绿色高亮线,单击鼠标选择。这时出现小齿轮工具条,选择工具条中镜像按钮,做样条线对竖线段的镜像(见图 9-40)。

调用剪切工具,将中间竖线段剪切掉(见图 9-41)。

现在我们再学习一个新的工具,即圆周阵列(Circular Pattern)。

将鼠标移到圆环上,圆环周围出现绿色高亮线,点击鼠标选中圆环,跳出小齿轮工具条(见图 9-42)。

在小齿轮工具条中点击圆周阵列(Circular Pattern)工具,跳出灰色提示条,然后依次点击选取样条线和它的镜像。样条线和它的镜像选中后,再用鼠标点击灰色提示中的中心点(Center Point)按钮,接着再用鼠标点击圆环或圆环中心,点击圆环时会自动以此圆环的圆心作为圆周陈列的中心。在跳出的对话框中,我们可以直接输入个数为16,或者点击文本框边的上下按钮改变个数到16(见图9-43、图9-44、图9-45)。

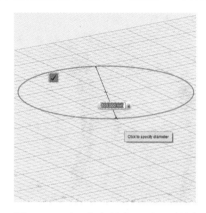

图 9-34　画一个半径为 100 mm 的圆

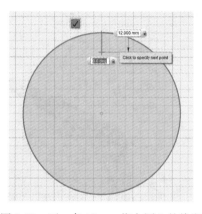

图 9-35　画一条 12 mm 指向圆心的线段

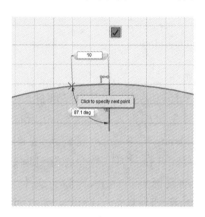

图 9-36　画一条 10 mm 的线段

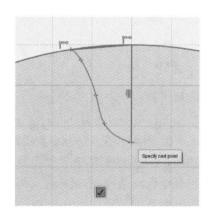

图 9-37　画一条连接两线段端点的曲线

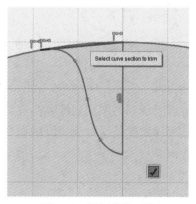

图 9-38　调用修剪工具

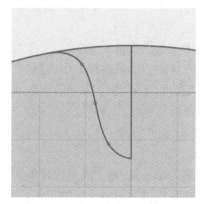

图 9-39　将不需要的线段剪去

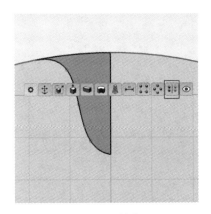

图 9-40　调用镜像工具

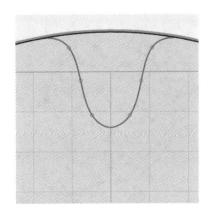

图 9-41　作曲线镜像

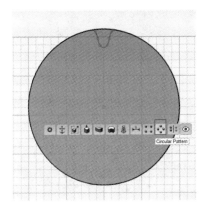

图 9-42　调用圆周阵列工具

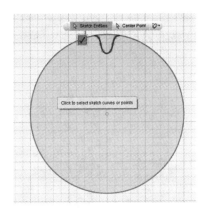

图 9-43　选取曲线

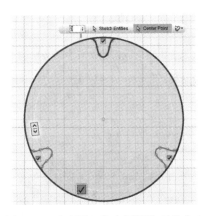

图 9-44　选取圆心作为圆周阵列的中心

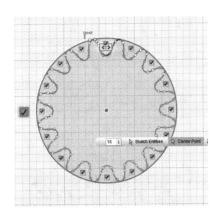

图 9-45　对话框中输入数字 16

接着我们调用剪切工具,一段一段地将圆环弧线都剪切除去(见图 9-46)。

点击绿色方块退出草图模式,点击界面视图立方体上面小房子,切换到侧视图,齿轮的 2D 草图就完成了(见图 9-47)。

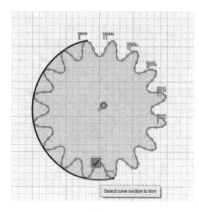

图 9-46　修剪圆环弧线

图 9-47　齿轮草图完成

下面我们用拉伸工具对此 2D 图形进行拉伸 11 mm，生成齿轮的 3D 图形（见图 9-48）。

（1）接着使用基本几何体中的圆环（Circle）工具作一个半径 36.5 mm 的圆，和齿轮所在圆环同心（见图 9-49）。

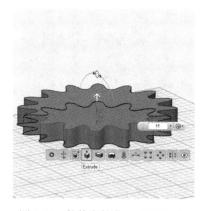

图 9-48　拉伸齿轮草图成 3D 实体

图 9-49　以齿轮中心为圆心画圆

（2）接着使用轮廓偏移工具，对这个圆作一个轮廓偏移，形成一个新的半径小 15 mm 的同心圆（见图 9-50，图 9-51）。

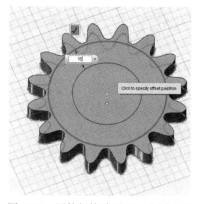

图 9-50　用轮毂偏移再画一个同心圆

图 9-51　两个同心圆

（3）选择两同心圆中间的区域面，使用拉伸工具，对这个面进行向下拉伸 2 mm（见图 9-52）。

（4）接着用基本几何体工具做一圆柱体，底面半径 15 mm，高 16 mm，放在齿轮上与齿轮同心（见图 9-53）。

（5）用对齐工具，将齿轮和圆柱体沿 Z 轴对齐，使圆柱体与齿轮同心（见图 9-54）。

 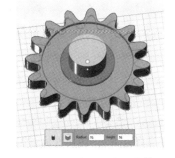 

图 9-52　拉伸同心圆之间面域　　　图 9-53　放置一个圆柱体　　　图 9-54　圆柱体与齿轮同心

（6）使用布尔运算"并"运算，将此圆柱体同齿轮合并到一起。

（7）再使用基本几何体中的圆环（Circle）工具作一个半径 13.5 mm 的圆，和齿轮所在圆环同心（见图 9-55）。

（8）接着再用拉伸工具，将些圆环向下拉伸，直接在齿轮中心位置打一个通孔（见图 9-56）。

（9）最后给齿轮倒圆角，隐藏草图轮廓，加材质渲染，得到最终 3D 模型（见图 9-57）。

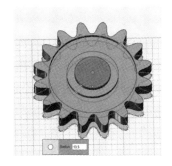  

图 9-55　圆柱上画一个同心圆　　　图 9-56　拉伸同心圆　　　图 9-57　齿轮完成

9.5.4　机械零件

这一级我们再来学习一个工业中的实例，做一个机械零部件模型。

图 9-58 是实物，图 9-59 是图纸，我们就要按这张图纸上所标数据，画出这个 3D 模型。这个例子中，既要用到基本几何体，也要用到草绘工具。

再从拖出一立方体，修改长宽高为 60 mm×30 mm×20 mm 四方体，放在前一个四方体中间位置。

是不是放到了正确的位置，123D 提供了一个测量（Measure）工具，在工具条中点击测量工具，会弹出一对话框，我们用鼠标分别在刚才两个四方体的 1，2 两个角上各点一下，就出来①、②两个标志，这时可以直接从测量工具对话框中读出这两点之间的距离。我们这儿放的位置是正确的（见图 9-61）。

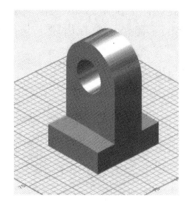

图 9-58　机械零部件模型

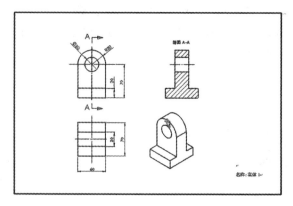

图 9-59　机械零部件图纸

从基本几何体工具条下级子工具条中拖出一立方体,修改长宽高为 $60\,\text{mm}\times70\,\text{mm}\times20\,\text{mm}$ 四方体(见图 9-60)。

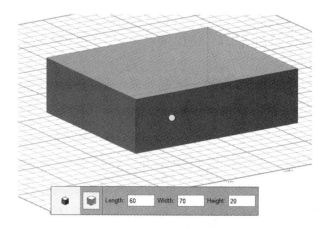

图 9-60　创建一个立方体

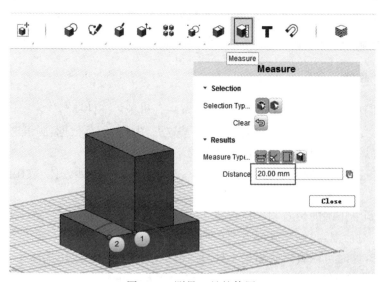

图 9-61　测量工具的使用

在草绘工具条中单击多段线(Polyline)按钮,在上面四方体的侧面上点击鼠标进入草绘状态,这时栅格面竖立起来在这个四方体侧面所在的平面上(见图 9-62)。

将鼠标指向四方体的上底面矩形一条长边的端点位置,鼠标可以自动捕捉到该端点,点击鼠标选取该端点作为多段线起点,拖动鼠标画一条同该长边重合的直线到另一端点点击,再点击绿色小方块退出草绘状态。

在草绘工具条中再选择两点弧(Two Point Arc)工具,并将鼠标移到上面刚画的线段上,当线段周边出现绿色高亮线时,点击一下鼠标选中线段并进入草绘状态,这时栅格面也竖立起来贴在该四方体侧面所在的平面上(见图 9-63)。

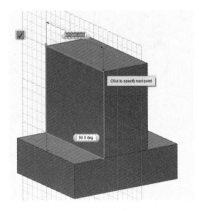

图 9-62　画一条线段

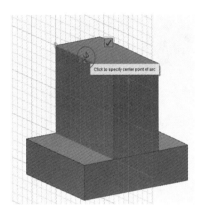

图 9-63　捕捉线段中点为两点弧圆心

将鼠标沿该线段移动,鼠标可以自动捕捉线段的中点,捕捉到中点后会出来一个小三角形,点击中点作为两点弧的圆心。继续沿该线段移动鼠标,鼠标捕捉到线段端点时点击作为两点弧的起点。拖动鼠标画出一个半圆到线段点另一端点点击鼠标,点击绿色小方块退出草绘模式。这时刚画的半圆弧同前面的线段就构成了一封闭的半圆面(见图 9-64、图 9-65)。

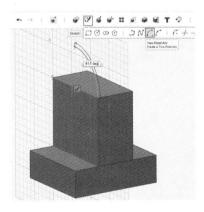

图 9-64　画两点弧

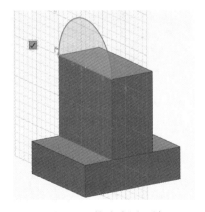

图 9-65　构成半圆面域

移动鼠标到半圆面上,半圆面周围出现绿色高亮线条时点击鼠标,半圆面变蓝色选定该半圆面。

在弹出的小齿轮工具条中,选择拉伸工具,在弹出的对话框中输入-30,会拉伸出一个同上面四方体一样厚度的半圆柱,点击鼠标确认(见图 9-66)。

用布尔运算"并"运算,将半圆柱和下面两个四方体三部分合并成一个整体。

　　选择基本几何体下级子工具条中的圆环工具,在界面上插入一圆环,并捕捉半圆柱体的底面中心为圆心,画一个半径 15 mm 的圆(见图 9-67)。

图 9-66　拉伸半圆面域

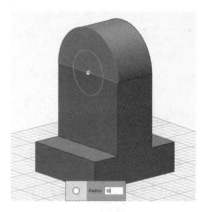

图 9-67　画半径为 15 mm 的圆

　　选定圆环,在跳出的齿轮工具条中选择拉伸工具,向反方向拖动白色箭头,在四方体和半圆柱体交界处打通孔,点击鼠标确认(见图 9-68)。

　　接着我们隐藏草图轮廓,加材质,选择只显示材料。这个机械零部件做成功了,我们也学会了依照图纸数据,做出 3D 模型(见图 9-69)。

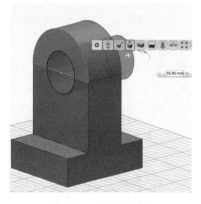

图 9-68　拉伸圆打孔

图 9-69　机械零部件模型完成

本章小结

　　本章我们学习了 2D 草绘工具做 2D 草图的方法,很多建模都是先从做 2D 草图开始,然后利用各种构建实体工具将草图生成 3D 模型。因此,做好 2D 草图对建模很重要。

　　本章我们还学习了由 2D 草图生成 3D 图形的一个最常用工具"拉伸",希望大家多练习,掌握这种建模思路和拉伸工具的使用方法。

第 10 章　构建实体工具

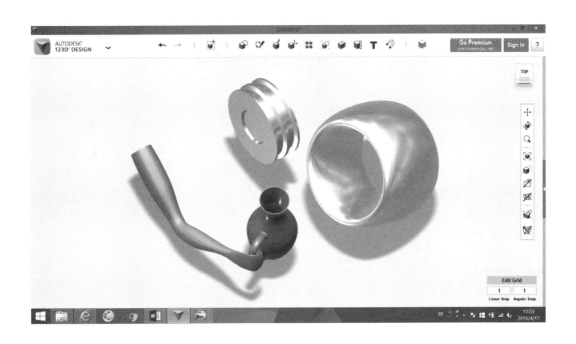

10.1　拉伸,扫掠,旋转,放样

123D Design 提供了拉伸、扫掠、旋转和放样这四种由 2D 图形生成 3D 图形的工具,这些工具都在工具条构建(Construct)工具下级子工具条中(见图 10-1)。

图 10-1　构建工具

10.1.1　拉伸(Extrude)

关于拉伸工具,在上一章我们已经学习了,并用拉伸工具做了几个 2D 图形生成 3D 模型的实例。使用起来感觉非常简单而且方便,但当时我们并没有关注这个命令的一些细节,本节我们进一步学习该工具的一些使用细节。

向工作区栅格上插入一 20 mm×20 mm×20 mm 的立方体,在立方体上表面的中心画一个半径为 5 mm 的圆环。选取圆环封闭面,从弹出的齿轮工具条中选择拉伸工具,拖动白色箭头向上拉伸一定高度后停下。在没有点击鼠标确定前,我们用鼠标点击对话框右边图标按钮,发现这图标按钮有一个下拉菜单,下拉菜单中分别有并(Merge),差(Subtract),交(Intersect),新实体(New Solid)四个选项(见图10-2)。

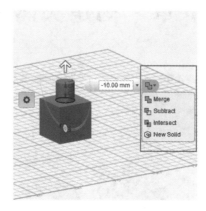

图 10-2　拉伸工具选项

下面我们分别选择这四个选项,看结果一样不一样。

(1)向实体外方向拉伸,默认选项为"并"(Merge),相当于在原实体上增加了拉出的部分,如表 10-1 所示。

表 10-1　向实体外方向拉伸

选择选项	效果	说明
		拉出的圆柱同立方体合并成一体
		拉出的圆柱同立方体没有公共部分

（续表）

选 择 选 项	效　　果	说　　明
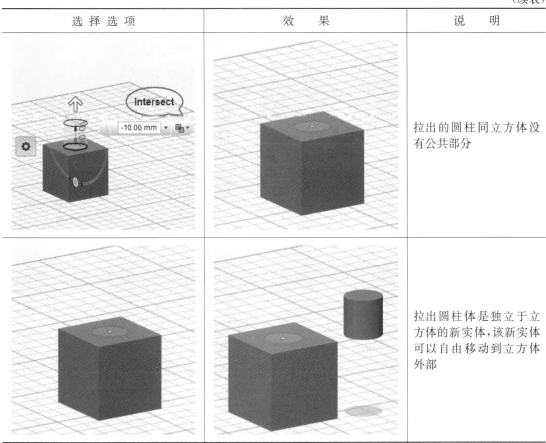		拉出的圆柱同立方体没有公共部分
		拉出圆柱体是独立于立方体的新实体,该新实体可以自由移动到立方体外部

（2）向实体内方向拉伸,同样也有四个选项,如表 10-2 所示。

表 10-2　向实体内方向拉伸

选 择 选 项	效　　果	说　　明
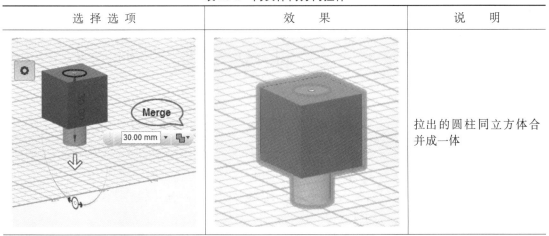		拉出的圆柱同立方体合并成一体

（续表）

选 择 选 项	效 果	说 明
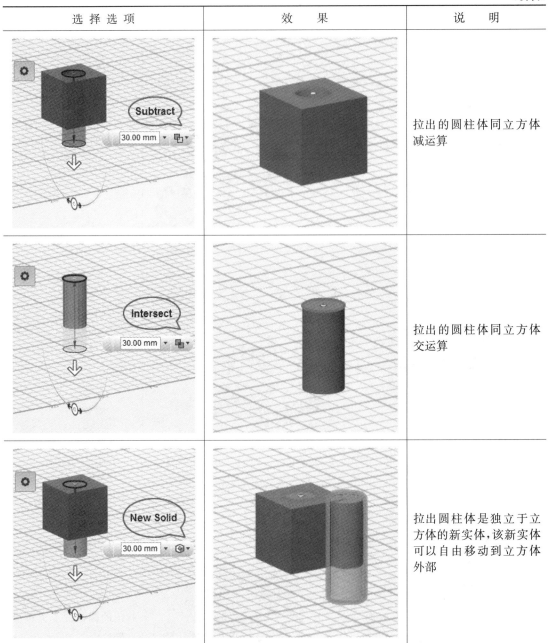		拉出的圆柱体同立方体减运算
		拉出的圆柱体同立方体交运算
		拉出圆柱体是独立于立方体的新实体，该新实体可以自由移动到立方体外部

　　向实体内拉伸，默认选项为"差"（Subtract），相当于在原实体上打了个孔。

　　从以上所述，有些选项没有什么实际意义，用不上。所以在使用拉伸工具时，大多情况下直接用默认选项就可以了，不用管其他的选项。

　　总结一下，向远离实体的方向拉伸，就相当于以拉伸面为截面拉出一个新的实体，并且同原实体合并到一起。向实体的方向拉伸，就相当于在实体上打出一个以拉伸面为截面的孔洞。掌握了这一点，可以灵活运用拉伸工具完成很多工作。

　　（3）使用拉伸工具时，大家还注意到拉伸完，在点击鼠标确认前，拉出的实体上还有一个双箭头操作器,我们来看这个双箭头有什么用。向实体外方向拉伸后拖动双箭头到对话框中角度为 43.0(见图 10-3),拉伸末端放大。向实体外方向拉伸后拖动双箭头到对话框中角度为－25.0(见图 10-4),拉伸末端缩小。向实体内方向拉伸后拖动双箭头到对话框中角度为 25.0(见图 10-4),拉伸末端放大(见图 10-5);点击鼠标确认,拉伸效果就是将实体中挖出了一个漏斗状的空腔(见图 10-6)。拖动双箭头到对话框角度为负数会是什么样,请大家自己试试。

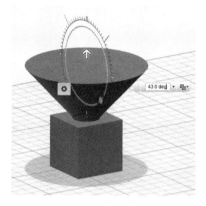

图 10-3　拉伸末端放大

图 10-4　拉伸末端缩小

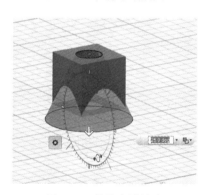

图 10-5　拉伸末端放大

图 10-6　点击鼠标确定

从以上操作我们可以看到,这个双箭头向不同的方向拖动,可以改变拉伸末端的大小,从而达到不同的拉伸效果,得到不一样的拉伸实体和空腔。拉伸工具是我们建模中最常用的工具之一。

10.1.2　扫掠(Sweep)

扫掠(Sweep)工具(见图 10-7)用于沿指定路径以指定 2D 平面图形(扫掠对象)为截面绘制实体。

123D 中,指定的轮廓形状必须是封闭的轮廓线或者说一个面,开放的线不可以扫掠。可以是基本平面图形如多边形、圆形,也可以是我们用草绘工具画出来的任意平面图形,甚至还可以用一个实体的一个平面,只要是封闭轮廓构成的面就可以做为截面进行扫掠。

扫掠路径可以是封闭的,也可以是开放的。

用样条线工具在栅格平面上画两条曲线,用基本几何体工具在栅格面上画一个半径为 4 mm 的圆,和一个外接圆半径为 3 mm 的六边形,并将它们用移动旋转工具立起来同栅格面垂直

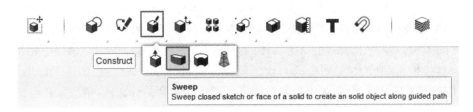

图 10-7　扫掠工具

（见图 10-8）。

点击构建（Construct）工具下级子工具条中的扫掠（Sweep）按钮，界面跳出灰色提示条，在灰色提示条 Profile（轮廓）按钮背景为深灰色的状态下，选择圆的封闭的轮廓线；再点击灰色提示条 Path（路径）按钮，选择一条曲线作为扫掠路径，点击鼠标确认。

接着重复以上动作，选择六边形为扫掠对象，以另一条曲线为扫掠路径，点击鼠标确认。这样就生成了两条 3D 曲线（见图 10-9）。

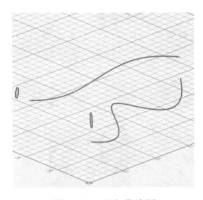

图 10-8　画出草绘图

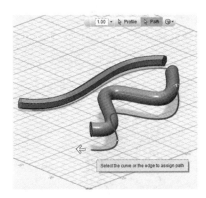

图 10-9　扫掠

下面我们来看一个实例。

先用草绘工具在辅助立方体的一个侧面上画一个封闭的轮廓线（见图 10-10），删除立方体。这里使用一个辅助立方体，让我们画的轮廓线垂直于栅格平面，当然也可以先在栅格平面上画好轮廓线，再用移动旋转工具将其立起来同栅格面垂直。再用基本几何体中矩形工具，在栅格上画一长 120 mm×160 mm 的矩形（见图 10-11）。

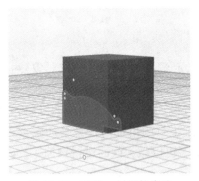

图 10-10　草绘一封闭轮廓线

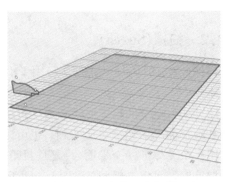

图 10-11　草绘一个矩形

点击构建(Construct)工具下级子工具条中的扫掠(Sweep)工具按钮,界面跳出灰色提示条,在 Profile 背景为深灰色的状下,选择相框的封闭的轮廓线作为扫掠对象(见图 10-12)。

再点击灰色提示条 Path 按钮,选择矩形框作为扫掠路径(见图 10-13)。

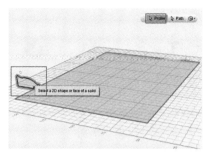

图 10-12　选择扫掠对象

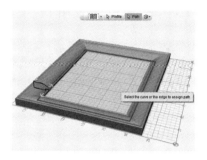

图 10-13　选择扫掠路径

点击鼠标确认,然后去栅格,隐藏草图轮廓,加材质。一个相框就做好了(见图 10-14)。

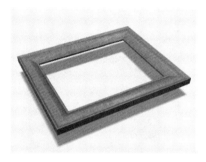

图 10-14　相框完成

由这几个例子大家不难看出,扫掠轮廓面(封闭的面,可以是圆的,多边形的也可以是画出来的任意平面图形),相当于生成的 3D 图形的截面。

接下来我们再来看一个用实体平面作为扫掠对象的例子。

在栅格平面上插入一立方体,然后在立方体侧面栅格面画一条曲线(见图 10-15)。

点击扫掠(Sweep)工具按钮,选择立方体一个侧面作为扫掠对象,选择曲线为扫掠路径,点击鼠标确认(见图 10-16)。

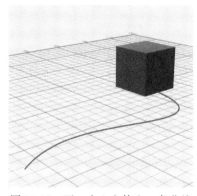

图 10-15　画一个立方体和一条曲线

图 10-16　以立方体一个面为对象扫掠

10.1.3 旋转(Revolve)

旋转(Revolve)工具(见图 10-17)可以通过旋转一个 2D 图形绕一个指定旋转轴旋转来生成一个 3D 实体,该功能经常用于生成具有异形剖面的旋转体。

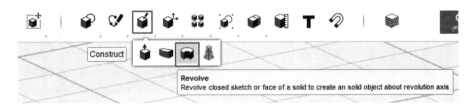

图 10-17 旋转工具

该 2D 图形可以是基本平面几何图形,也可以是草绘出来的一个封闭的面,还可以是一个实体的一个平面。

例 1:做飞机发动机外壳(见图 10-18)。

图 10-18 飞机发动机外壳

在栅格平面上插入长轴为 17.5 mm,短轴为 4.5 mm 的椭圆,如图 10-19 所示。在离椭圆 16 mm 的地方用多段线工具画一条平行与椭圆长轴的直线(见图 10-20)。

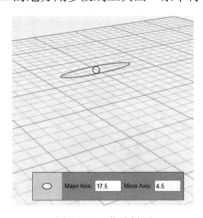

图 10-19 草绘椭圆

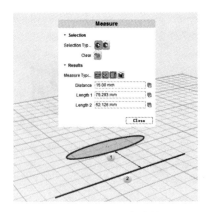

图 10-20 画一条直线

在构建(Construct)工具下级子工具条中选择旋转(Revolve)工具,点击工具按钮。

在跳出的灰色提示条中的 Profile(轮廓面)按钮为深色时选取点击椭圆面,接着点击灰色提示条中的 Axis(旋转轴)按钮,再接着点击选取平行与椭圆长轴的直线。这时界面上会出现一操作器圆环,圆环上有可以拖动的双箭头。同时跳出一灰色提示条,这里可以直接输入旋转角度。

拖动操作器环上到双箭头到 360 度(见图 10-21);或者直接在提示条文本框中输入 360(见图 10-22)。

接着给加材质,并用移动旋转工具将对象拉到栅格面上方,飞机发动机外壳就完成了。

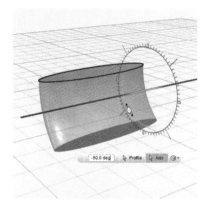

图 10-21　拖动旋转操作器双箭头

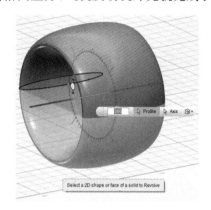

图 10-22　直接向对话框中输入 360

这个例子旋转轴在轮廓线外,旋转轴在轮廓线上,可不可以旋转出实体呢?下面我们再来看一个例子。

例 2:三角带轮

首先在栅格平面上插入一个辅助立方体(为了让画出的草图同栅格面垂直),然后用用多段线工具在立方体的一个侧面所在平面上画如图 10-23 所示的一个不规则多边形。删去立方体,这个不规则的多边形草图就竖立在栅格平面上。这个多边形就是三角带轮剖面图的一半。

在构建(Construct)工具下级子工具条中选择旋转(Revolve)工具,点击工具按钮。

在跳出的灰色提示条中的 Profile(轮廓面)按钮为深色时点击选取不规则多边形面(见图 10-24),接着点击灰色提示条中的 Axis(旋转轴)按钮,再接着选择不规则多边形的那条垂直与

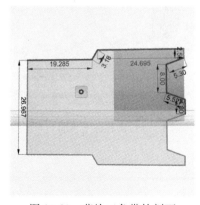

图 10-23　草绘三角带轮剖面

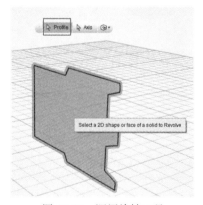

图 10-24　调用旋转工具

栅格面的边。这时界面上会出现一操作器圆环,圆环上有可以拖动的双箭头。并同时跳出一灰色提示条,这里可以直接输入旋转角度。

拖动操作器环双箭头到 360 度(见图 10-25),或者直接在提示条文本框中输入 360,回车确认。

用移动旋转工具将旋转出的实体拉到栅格平面上,隐藏草图轮廓,添加材质渲染,一个机械上传动用的三角带轮就做出来了(见图 10-26)。

图 10-25　拖动旋转操作器上双剪头

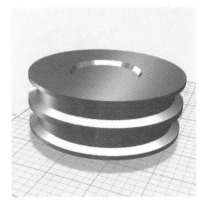

图 10-26　三角带轮模型完成

用来旋转的 2D 图形可以是基本平面图形,也可以是草绘图形,还可以是一个实体的一个平面,下面来看一个实体面作为旋转对象的例子。

例 3:以圆柱体上表面为旋转对象

在栅格平面上创建一个圆柱体,并在栅格面上画一条直线(见图 10-27)。

调用旋转工具,点击选取圆柱体上表面为旋转对象,并拖动旋转操作器上的双箭头到 155 度,即为以圆柱体上表面为对象旋转得到的效果(见图 10-28)。

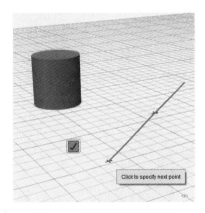

图 10-27　创建圆柱体和直线

图 10-28　为以圆柱体上表面为对象旋转

10.1.4　放样(Loft)

放样就是将一系列 2D 平面图形作为沿某个路径的截面,而构成复杂的三维对象。并且在同一路径上可在不同的段给予不同的截面。我们可以利用放样来实现很多复杂模型的构建(见图 10-29)。

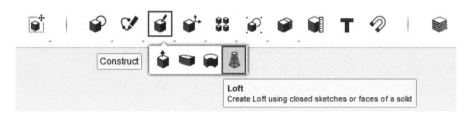

图 10-29　放样工具

下面看看放样的具体操作。

选择基本几何图形工具条中圆形工具,在栅格平面上分别插入半径为 15 mm、12 mm、10 mm 三个同心圆,如图 10-30(a)所示。

然后将半径分别为 15 mm 和 12 mm 的圆用移动旋转工具向上拉一定距离[见图 10-30(b)]。

按住键盘上的 Shift 键,从下向上依次点选取三个圆面。

点击构建(Construct)工具条中的放样(Loft)工具按钮,点击鼠标确认[见图 10-30(c)]。

这里我们发现三个圆面被一个光滑的曲面给连接了起来,形成了一个 3D 实体[见图 10-30 (d)]。

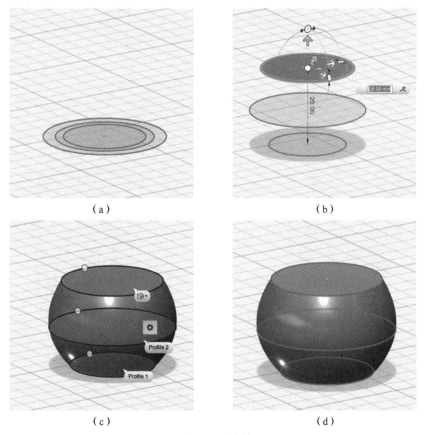

图 10-30　放样

　　显然,这样放样得到的是一个旋转体。如果放样工具只起这样的的作用,那旋转工具就足够了,不需要再有放样工具了,放样工具能解决一些旋转工具解决不了的问题。

　　选择基本几何图形工具条中圆形、矩形和多边形工具,在栅格平面上插入圆形、矩形和六边形[见图10-31(a)]。

　　然后分别将矩形和六边形用移动旋转工具向上拉一定距离[见图10-31(b)]。

　　按住键盘上的 Shift 键,从下向上依次点选取三个圆面。

　　点击构建(Construct)工具条中的放样(Loft)工具按钮,点击鼠标确认[见图10-31(c)]。

　　这里我们发现三个形状不一样的面,也被一个曲面给连接了起来,形成了一个 3D 实体[见图10-31(d)]。

　　这个例子告诉我们,放样所用 2D 图形的轮廓可以不一样,但如果用旋转工具就无法完成。

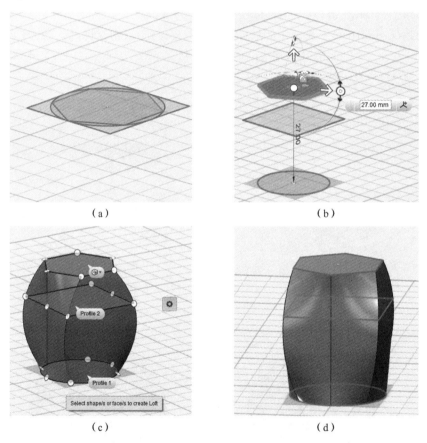

（a）　　　　　　　　　　　　　（b）

（c）　　　　　　　　　　　　　（d）

图 10-31　不同的 2D 图形放样

　　放样还可以做出更加复杂的图形,不仅截面可以不一样,而且也不需要处在一条直线上,下面再看一个例子——用放样工具画一个手臂模型。

　　图 10-32(a)是一个是用基本几何图形中的圆和椭圆画的一系列 2D 平面图形,按一定顺序排列起来。

（1）按住键盘上的 Shift 键，从上向下依次点选取这一系列的圆面和椭圆面[见图 10-32 (b)]。

（2）点击构建(Construct)工具条中的放样(Loft)工具按钮，点击鼠标确认[见图 10-32(c)]。

（3）再隐藏草图轮廓，隐藏栅格，添加材质，一个很接近手臂的 3D 模型就出来了[见图 10-32 (d)]。

很明显，这个模型比前面那些模型要复杂得多，一般方法很难完成，而放样就可以，当然要有足够的细心和耐心。

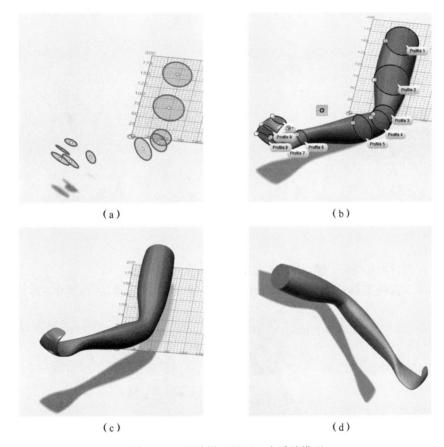

（a）　　　　　　　　　　　　　（b）

（c）　　　　　　　　　　　　　（d）

图 10-32　用放样工具画一个手臂模型

要注意的一点，做这几个例子时我们都强调，选取 2D 平面图形轮廓时要"依次"进行，按一定顺序选取，如果顺序弄乱了，放样就会因出错而导致失败。

10.2　实例——壶模型

到此，123D Design 中由 2D 图形构建 3D 模型的几个工具都介绍完了，熟练掌握这些工具需要我们反复练习。

下面我们再来一个实例，用放样和扫掠工具做一个壶模型。

1）做壶体

（1）选择基本几何图形工具条中圆形工具，在栅格平面上分别插入半径为两个 15 mm、一个 30 mm、一个 50 mm 四个同心圆[见图 10-33(a)、(b)、(c)]。

（2）然后用移动旋转工具，将半径分别 15 mm、30 mm、50 mm 的圆向上拉升一定距离[见图 10-33(d)、(e)、(f)]。

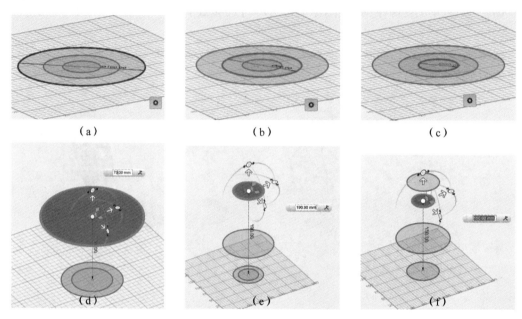

图 10-33　草绘一系列 2D 图形

（3）按住键盘上的 Shift 键，从下向上依次点选取四个圆面。

（4）点击小齿轮工具条中的放样（Loft）工具按钮，点击鼠标确认（见图 10-34）。

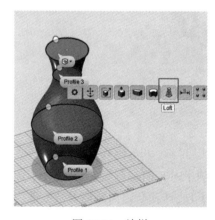

图 10-34　放样

壶体已经做出来，如何将壶里面掏空？下面我们来学习抽壳工具。

2）用抽壳工具掏空壶体"内腔"

从修改工具的下级子工具条中选择抽壳工具，点击抽壳工具，在跳出的灰色对话框中内部厚度（Thickness Inside）文本栏中填写 1.5，点击选取壶的上底面，点击界面任意点确认，壶的内腔就形成了（见图 10-35）。

图 10-35　抽壳

3）做壶的手柄

（1）向栅格线上插入一辅助四方体［见图 10-36(a)］。

（2）选择草绘样条线工具，在辅助四方体侧面画一条曲线。选择基本几何图形中的椭圆工具，在栅格平面上画一椭圆［见图 10-36(b)］。

（3）点击选取椭圆面，在跳出的小齿轮工具条中选择扫掠工具，再点击样条线为扫掠路径，点击鼠标确认［见图 10-36(c)］。

（4）使用移动旋转工具，将扫掠形成的壶柄移动拼接到壶体上［见图 10-36(d)］。

（5）使用布尔运算中"并"运算，将壶体同壶柄合并到一起。

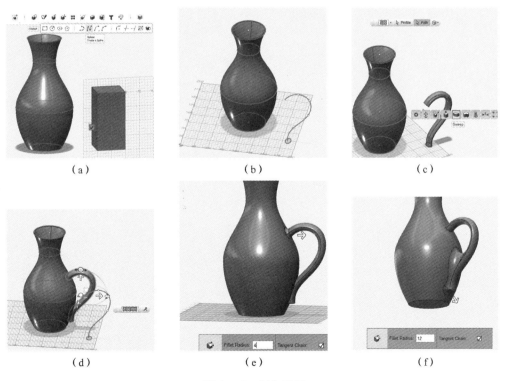

（a）　　　　　　　　（b）　　　　　　　　（c）

（d）　　　　　　　　（e）　　　　　　　　（f）

图 10-36　制作手柄

（6）使用倒圆角工具，对壶柄同壶体结合线做倒圆角［见图 10-36(e)、(f)］。

（7）最后隐藏草绘轮廓，给壶添加材质。

至此，壶的 3D 模型完成（见图 10-37）。

图 10-37   壶模型完成

本章小结

到本章结束，草绘工具和以草绘 2D 图形生成 3D 图形的所有工具都学习完了，这两章是本书的重点内容，希望大家多练习熟练掌握。

第 11 章　修改工具

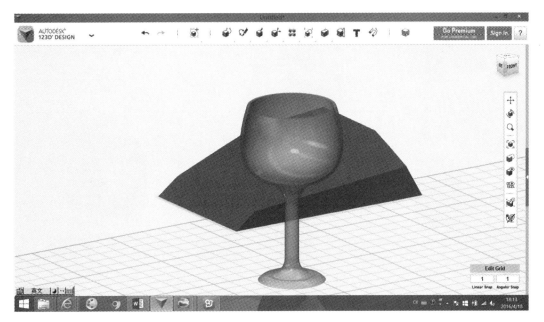

123D Design 提供了强大的修改工具,可对生成的 3D 模型进行细节修改。

修改工具在工具条修改工具下级子工具条中,有按住拖动(Press Pull (P))、扭运(Tweak (K))、分割面(Split Face)、倒圆角(Fillet (E))、倒斜角(Chamfer (C))、分割实体(Split Solid)、抽壳(Shell (J))等共计七个工具(见图 11-1)。其中,倒圆角、抽壳在前面的章节中我们已经使用过。

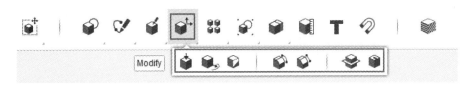

图 11-1　修改工具

11.1　按住拖动,扭动,分割面,分割实体

11.1.1 按住拖动(Press Pull),快捷键为 P

这个工具同拉伸(Extrude)工具有点象,有的时候效果是一样的,但还是有区别,我们通过以下几个例子将这两个工具进行对比学习,如表 11-1 所示。

表 11-1　拉伸和按住拖动工具对比

原　　图	拉伸(Extrude)	按住拖动(Press Pull)
	15.00 mm Select a 2D shape or face of a solid to Extrude	15.00 mm Select the face of a solid to PullPress
	20.00 mm Select a 2D shape or face of a solid to Extrude	20.00 mm Select the face of a solid to PullPress
	25.00 mm Select a 2D shape or face of a solid to Extrude	20.00 mm

　　对这三个几何体的一个面使用按住拖动和拉伸工具,我们发现有时效果是一样的,有时会不一样。

　　(1) 拉伸就是将拉伸面作为截面,将物体向外延伸,延伸方向是所选取面的法线方向。拉伸结束,没有点击确认前,有一个双箭头操作器,可以对拉伸的末端进行放大或缩小。

　　(2) 按住拖动的延伸方向有时是法线方向,有时不是法线方向,这由原几何体的形状决定。按住拖动停止时,没有双箭头操作器。

　　(3) 对立方体一个面进行拉伸和按住拖动,除了拉伸后可以修改末端大小外,其效果基本一样。

11.1.2　扭动(Tweak),快捷键为 K

　　这个工具可以选择实体上的一个点、线、面作为对象进行拉动和扭动。

　　选取对象后,会跳出一个操作器,操作器上有三个方向的箭头和三个双箭头环。拖动白色箭头可以拉动对象,拖动双箭头可以扭动对象。下面我们来一一操作看看。

1)点

我们以立方体为例,点击扭动(Tweak)工具,然后选取立方体的一个顶点,会出现一个操作器,操作器中心白色圆圈圈定顶点(见图 11-2)。

(1)拖动操作器环上双箭头,发现会以相应的立方体棱为轴旋转,对点旋转并不会产生效果,如图 11-3 所示。

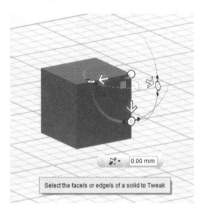

图 11-2　对立方体的一个顶点进行扭动操作

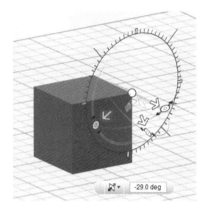

图 11-3　拖动操作器上双箭头

(2)拖动向前方向的箭头,点随着拖动被拉伸,同拖动方向垂直的面分割变形为三角形,如图 11-4 所示。

(3)然后再拖动向下方向的箭头,点随着拖动被拉伸,同拖动方向垂直的另一个面也变形为三角形,如图 11-5 所示。

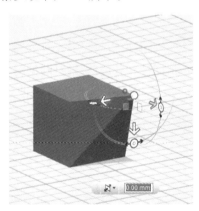

图 11-4　向前拖动箭头

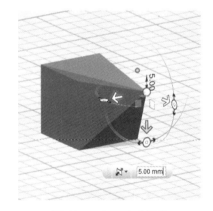

图 11-5　向下拖动箭头

2)线

我们以立方体为例,点击扭动(Tweak)工具,然后选取立方体的一条棱,会出现一个操作器,操作器中心白色圆圈圈定棱中点(见图 11-6)。

(1)拖动垂直于所选棱的操作器环上的双箭头,发现会以该选取的棱为轴旋转,旋转并不会产生效果(见图 11-7)。

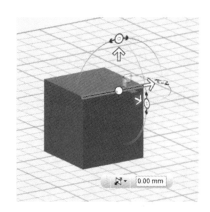

图 11-6　对立方体的一个棱进行扭动操作

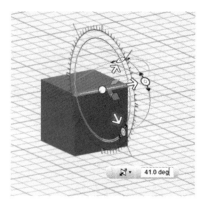

图 11-7　拖动垂直棱的环上的双箭头

（2）分别拖动所选棱所在的两个操作器环上的双箭头，发现棱发生转动，同棱垂直的两个面一个放大，一个缩小，都分割变形为三角形（见图 11-8，图 11-9）。

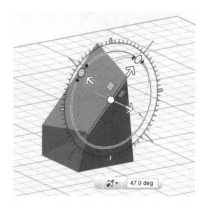

图 11-8　拖动通过棱的环上的双箭头

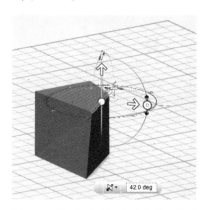

图 11-9　拖动通过棱的环上的双箭头

（3）拖动垂直于棱的白色箭头，棱会随着沿拖动方向移动，同棱相邻的面被拉伸（见图 11-10）。

（4）拖动沿棱方向的白色箭头，棱会随着沿拖动方向移动，同棱相邻的面被拉伸，同棱垂直的面分割变形为三角形（见图 11-11）。

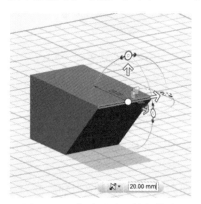

图 11-10　拖动垂直于棱的箭头

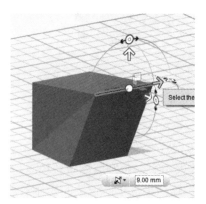

图 11-11　拖动棱方向上的箭头

3）面

以立方体为例,点击扭动(Tweak)工具,然后选取立方体的一个面,会出现一个操作器,操作器中心白色圆圈圈定面中心(见图 11-12)。

（1）拖动在所选面上的操作器环上的双箭头,发现整个立方体会以过该面中心的法线为轴旋转,同该面相对的那一个面变小,其他面都随双箭头的拖动而变形(见图 11-13)。

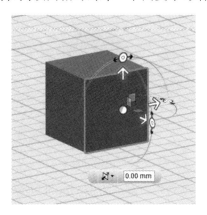
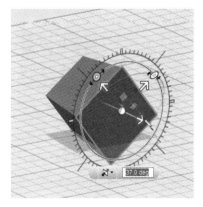

图 11-12　对立方体的一个面进行扭动操作　　　　图 11-13　拖动面上的双箭头

（2）分别拖动同所选棱面垂直的两个操作器环上的双箭头,发现面会发生翻转,同该面相邻的面发生形变(见图 11-14)。

（3）拖动所选面上平面上的白色箭头,面随着沿拖动方向移动,同移动方向垂直的相邻的面被拉伸,同移动方向平等的面会由正方形变成平行四边形(见图 11-15)。

（4）拖动同所选面垂直的白色箭头,面向前移动,立方体向拖动方向拉伸或压缩。其效果相当于按住拖动功能工具。

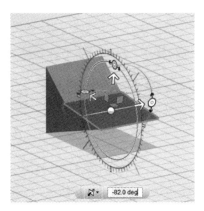
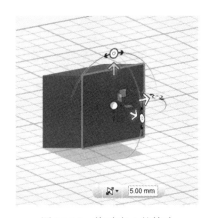

图 11-14　拖动垂直于面的双箭头　　　　图 11-15　拖动向上的箭头

11.1.3　分割面(Split Face)

1）下面以一条线来分割两个面

（1）向工作界面上插入一个立方体和一个球体,用多段线工具在立方体的侧面画一条直线(见图 11-16)。

（2）点击修改工具中的分割面（Split Face）工具，界面会跳出灰色提示框（见图11-17）。

（3）在 Face to Split 按钮为深色状态下，点击选取球面和立方体一个侧面（见图11-17）。

图11-16　创建球体的立方体

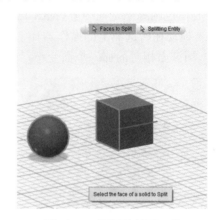

图11-17　调用分割面工具

（4）接着点击 Splitting Entity 按钮，选择画在立方体侧面的直线为分割元件（Entity），界面上会出现一个浅红色垂直于立方体侧面的分割面（见图11-18）。

（5）点击界面任意位置确认。

（6）这时球面和选取的立方体侧面就被分割成了两半，可以选取分割后的面，进行操作。

（7）点击选取球的上面一半面，从跳出的小齿轮工具体中选择按住拖动（Press Pull）工具，拖动白色箭头，上半部就被放大了（见图11-19）。

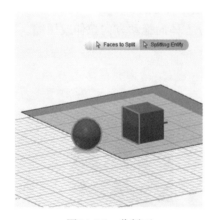

图11-18　分割面

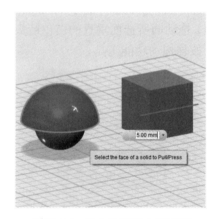

图11-19　放大分割的上半球面

（8）点击立方体侧面上半部，从跳出的小齿轮工具体中选择按住拖动（Press Pull）工具，拖动白色箭头，侧面上半部就被拉伸出来（见图11-20）。

（9）点击立方体侧面上半部，从小齿轮工具条中选择扭动（Tweak）点击，再沿垂直侧面的方向拖动白色箭头，这一半部也被拉伸出来，但形状同按住拖动（Press Pull）工具拖动的效果有点区别（见图11-21）。

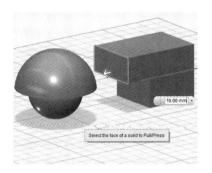

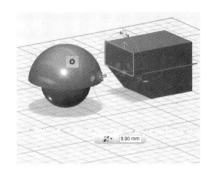

图 11-20　按住拖分割面　　　　　　　　　　图 11-21　扭动分割面

2）可以用直线分割实体面，也可以用曲线分割实体面。

（1）向栅格面上插入一立方体，用样条线工具在上底面上画一曲线（见图 11-22）。

（2）点击修改工具中的分割面（Split Face）工具，界面会跳出灰色提示框。

（3）在 Face to Split 按钮为深色状态下，点击选取立方体上底面。

（4）接着点击 Splitting Entity 按钮，选择画在立方体上底面的曲线为分割元件（Entity），界面上会出现一个浅红色垂直于立方体上底面的分割面（见图 11-23）。

（5）点击界面任意位置确认（见图 11-24）。

（6）选择分割的一半立方体上底面，从跳出的小齿轮工具体中选择按住拖动（Press Pull）工具，向上拖动或向下拖动箭头，这部分就被拉伸或压缩了（见图 11-25）。

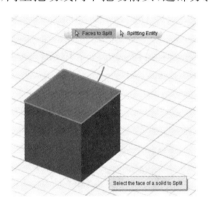

图 11-22　创建立方体和曲线

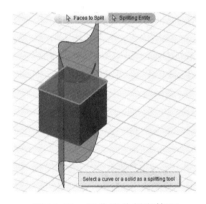

图 11-23　用曲线分割实体面

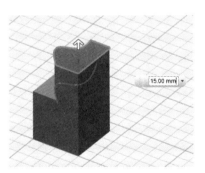

图 11-24　拉伸分割的面

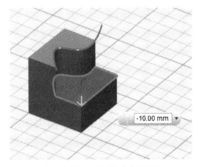

图 11-25　压缩分割的面

11.1.4　分割实体(Split Solid)

123D Design 不仅可以分割面,也提供了分割实体工具,其操作方式同分割面类似。

(1) 向栅格面上插入一立方体,用样条线工具在上底面上画一曲线(见图 11-26)。

(2) 点击修改工具中的分割实体(Split Solid)工具,界面会跳出灰色提示框(见图 11-27)。

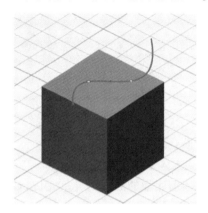

图 11-26　创建立方体和曲线

图 11-27　调用分割实体工具

(3) 在选择分割实体(Body to Split)按钮为深色状态下,点击选取立方体。

(4) 接着点击分割图元 Splitting Entity 按钮,选择画在立方体上底面的曲面为分割图元(Entity),界面上会出现一个浅红色垂直于立方体上底面的分割面(见图 11-28)。

(4) 点击界面任意位置确认。

(6) 使用移动旋转工具,我们可以直接将分割出来的一半给拉到另一个位置,实体被分割成了两个独立的新实体(见图 11-29)。

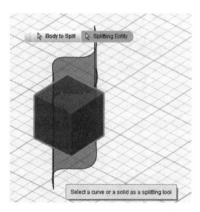

图 11-28　分割实体

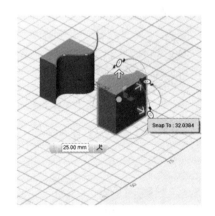

图 11-29　将分割开的实体移开

11.2　倒圆角,倒斜角,抽壳

在这三个工具中我们已经使用过倒圆角和抽壳工具,现在再来学习一下倒圆角和倒斜角工具的具体操作方法。

11.2.1　倒圆角(Fillet),快捷键为 E

我们以立方体倒圆角为例,向工作区栅格面上插入一立方体。

点击倒圆角工具,选择立方体一条棱(见图 11-30),或者同时选择多条棱(见图 11-31)。

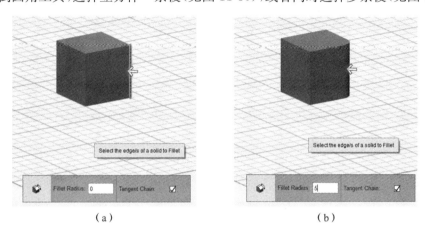

图 11-30　对立方体一条棱导圆角

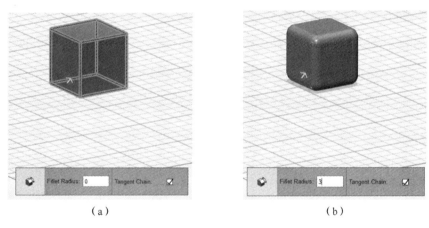

图 11-31　同时对立方体多条棱导圆角

这里棱上会出现一白色箭头,我们可以拖动白色箭头,实现倒圆角。也可以直接在下面灰色对话框中直接输入倒圆角半径。

然后单击界面任意位置确认。

11.2.2　倒斜角(Chamfer)快捷键为 C

我们以立方体倒斜角为例,向工作区栅格面上插入一立方体。

点击倒斜角工具,选择立方体一条棱(见图 11-32),或者同时选择多条棱(见图 11-33)。

这里棱上会出现一白色箭头,我们可以拖动白色箭头,实现倒斜角。也可以直接在下面灰色对话框中直接输入倒斜角距离。

然后点击界面任意位置确认。

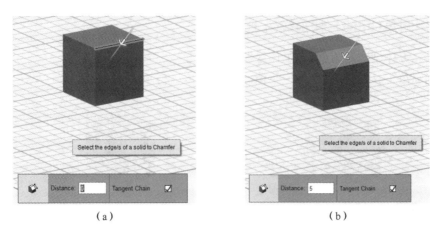

图 11-32 　对立方体一条棱导斜角

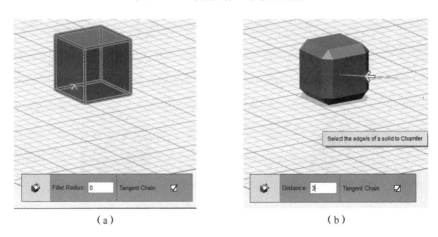

图 11-33 　同时对立方体多条棱导斜角

11.2.3 　抽壳(Shell)快捷键为 J

按照需要,我们可以选择一个面、多个面、甚至整个实体进行抽壳。下面我们一个一个看效果。

1) 一个面

以立方体为例。

向栅格平面上插入一立方体,点击修改工具下级工具条中的抽壳工具,界面下部出现一灰色对话框。

选取立方体一个面点击,这时这个面向内整个立方体就被掏空成一个壳(见图 11-34)。

我们可以拉动箭头,改变壳的厚度,也可以直接在对话框中输入壳的厚度,我们这里输入 2。

大家注意到,灰色对话框最右边还有一个方向(Direction)选项,里面有 Inside(向里)、Outside(向外)、Both(向两面),我们分别选择不同的选项看看效果。

当选择 Inside(向里)抽壳很好理解,就将内部掏空,留下一个对话框中输入的 2mm 厚度的壳(见图 11-35)。但选择 Outside(向外)时,是在整个立方体外增加了一个 2 mm 厚度的壳,而整个立方体都被去掉形成了一个腔(见图 11-36)。选择向两面,是从立方体的外表面开始,向外增加对话框中输入的厚度,向内留下对话框中输入的厚度,再向内掏空成空壳,整个壳的厚度就是内外加起来 4 mm(见图 11-37)。

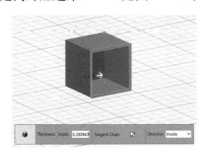

图 11-34 抽壳

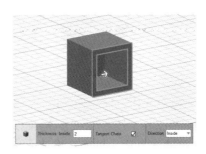

图 11-35 向里抽壳

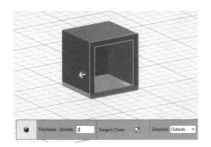

图 11-36 向外抽壳

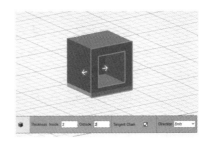

图 11-37 两面抽壳

2) 多个面

(1) 选择多个面看看效果,壳厚还是 2 mm。向栅格平面上插入一立方体,按住键盘上的 Shift 键,点击选取立方体两个面,点击修改工具下级工具条中的抽壳工具,在对话框中输入 2 (见图 11-38)。按住键盘上的 Shift 键,点击选取立方体三个面,点击修改工具下级工具条中的抽壳工具,在对话框中输入 2 确认(见图 11-39)。

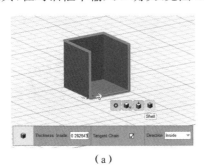

（a）

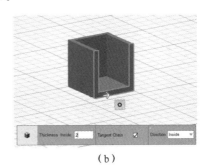

（b）

图 11-38　选取两个面抽壳

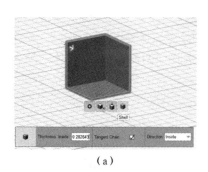 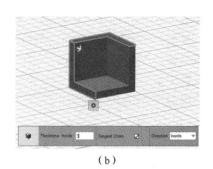

（a）　　　　　　　　　　　　　　　（b）

图 11-39　选取三个面抽壳

（2）整个实体。抽壳工具还可以对整个实体抽壳。

向栅格平面上插入一立方体,用鼠标点击选取整个立方体,点击修改工具下级工具条中的抽壳工具,在对话框中输入 2 确认。

表面上看不出什么变化,好象还是立方体,但其实内部已经掏空,只留下了一个 2 mm 厚度的外壳[见图 11-40(a)、(b)]。

怎样才能看到这个已掏空的外壳呢?有两个方法,一种方法是使用导航条中显示选项,选择只显示轮廓线(Outlines Only),这时我们能看到立方体外面和内部空腔的轮廓线[见图 11-40(c)]。

还有一种方法观察内部空腔,就是用前面我们说到的实体分割工具,将立方体分切成两半再来观察[见图 11-40(d)]。从分割开的实体中,也能清楚地看到内部空腔。

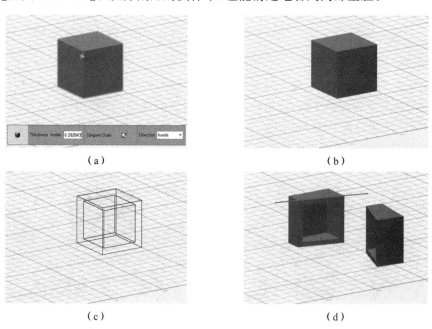

（a）　　　　　　　　　　　　　　　（b）

（c）　　　　　　　　　　　　　　　（d）

图 11-40　对整个实体抽壳

11.3　实例——飞机起落架仓,高脚葡萄酒杯

11.3.1　飞机起落架仓

（1）向栅格面上插入一 30 mm×47 mm×15 mm 长方体。

（2）过长方体底面一个顶点,用多段线工具在长方体侧面画一同底面成 60 度角的斜线〔见图 11-41(a)〕。

（3）用此斜线分割长方体,并把分割的部分用 Delete 键删去,长方体这个面被切成同底面成 60 度角的斜面〔见图 11-41(b)、(c)〕。

（4）用同样的方法将相对的面也切成一个同底面成 36 度角的斜面〔见图 11-41(d)〕。

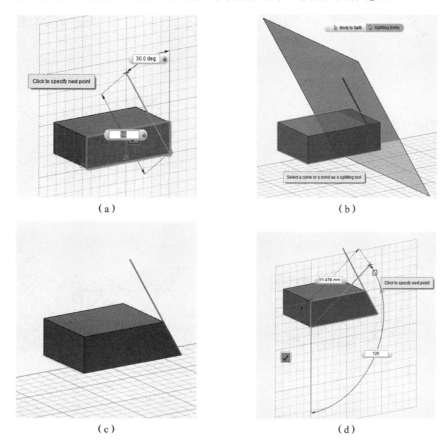

(a)　　　　　　　　　　　(b)

(c)　　　　　　　　　　　(d)

图 11-41　将长方体相对的两个面分切成斜面

（5）在侧面用多段线工具画上一同底面成 5 度角的,直线,并用轮廓偏移工具做这一直线平行线〔见图 11-42(a)、(b)〕。

（6）再向栅格面上插入一 30 mm×2 mm×25 mm 四方体,并移近同底面成 60 度角的斜面,再用移动旋转工具旋转四方体到同栅格面成 5 度角〔见图 11-42(c)、(d)〕。

（7）用多段线工具在四方体面上画两条对称的斜线,和一条平行于栅格的直线〔见图 11-42(e)、(f)〕。

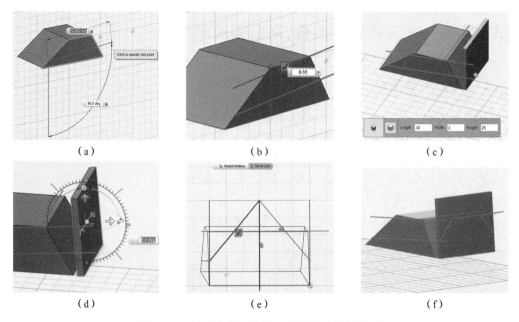

图 11-42　在四方体面上画三条线作为分割图元

（8）用这三条直线作为分割图元（Splitting Entity），用分割实体（Split Solid）工具对实体进行分割。

（9）用键盘删除键 Delete 将分割下的部分删除［见图 11-43（a）、（b）］。

（10）用倒斜角工具对上底边倒斜角［见图 11-43（c）］。

（11）隐藏草图轮廓，添加颜色，飞机起落架仓就完成了［见图 11-43（d）］。

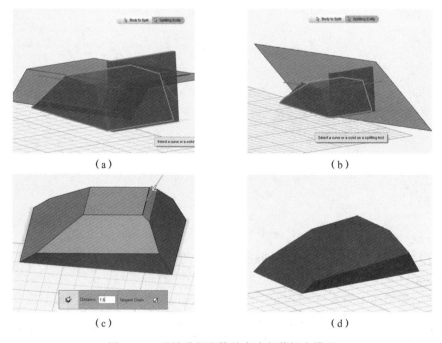

图 11-43　继续分割实体并完成起落架仓模型

11.3.2　高脚葡萄酒杯

（1）向栅格平面上插入一个辅助立方体，用草绘工具在立方体的侧面画半个酒杯轮廓，然后删除辅助立方体［见图 11-44(a)］。

（2）用构建工具中旋转（Revolve）工具，让半个酒杯轮廓绕垂直于栅格线的边旋转 360，形成酒杯上部杯肚的 3D 模型［见图 11-44(b)、(c)］。

（3）向栅格面中插入一半径为 4 mm，高度为 55 mm 的圆柱体［见图 11-44(d)］。

（4）利用吸附工具，将圆柱体放置到上述旋转出的杯肚模型上底面中心，并拖动白色箭头向下移 99 mm 作杯茎［见图 11-44(e)］。

（5）利用抽壳工具，将酒杯上部掏空成厚度 1.5 mm 的壳，成为杯肚［见图 11-44(f)］。

（6）再利用布尔运算"并"工具，将杯肚和杯茎两部分合并到一起，杯肚和杯茎完成［见图 11-44(g)、(h)］。

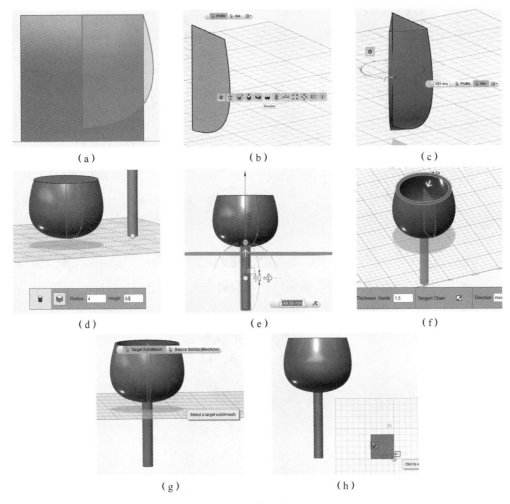

(a)　　　　　(b)　　　　　(c)

(d)　　　　　(e)　　　　　(f)

(g)　　　　　(h)

图 11-44　制作杯肚和杯茎

（7）使用分割面（Split Face）工具，将杯柄最下面分割出一个环［见图 11-45(a)、(b)］。

（8）使用按住拖动（Press/Pull）工具，将分割出的环面向外拖出一个圆柱体作为杯底座

［见图 11-45(c)］。

（9）使用倒圆角工具，将杯肚和杯茎连接线、杯茎同底座连接线和底座的外沿倒圆角［见图 11-45(d)］。

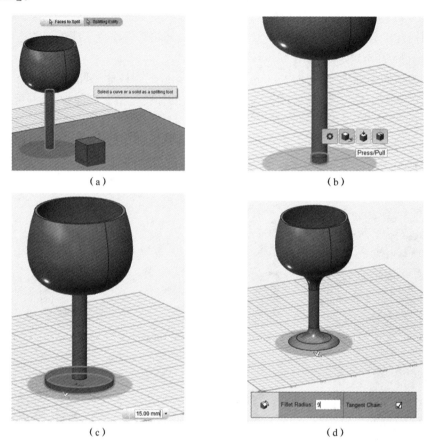

（a）　　　　　　　　　　　（b）

（c）　　　　　　　　　　　（d）

图 11-45　制作杯底座完成高脚杯模型

（10）对酒杯进行玻璃材质渲染，高脚酒杯模型就完成了（见图 11-46）。

图 11-46　高脚酒杯模型

　　这里要说明的是,这个建模方法是为了学习一些工具的使用而设计的,远不是最好的建模方法,请同学们想想用更简单的方法把这个模型做出来。

本章小结

　　本章学习了修改工具,这些工具大多是对模型的局部细节进行修改和调整,需要大家多练习。随着经验的积累才能慢慢领悟其用法,并做到灵活运用。

第 12 章　阵列

前面我们学习齿轮建模时,已经使用了 2D 图形的圆周阵列。这一章我们来学习实体阵列,这也是个很方便的工具。实体阵列在工具条阵列(Pattern)工具下级子工具条中,分别有矩形阵列(Rectangular Pattern)、圆周阵列(Circular Pattern)、路径阵列(Path Pattern)。另外这个工具条中还有一个镜像工具(Mirror),我们一道学习(见图 12-1)。

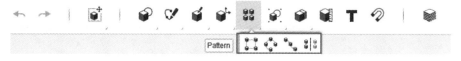

图 12-1　阵列工具

12.1　矩形阵列(Rectangular Pattern)

向栅格平面插入一个立方体,点击矩阵阵列工具按钮。

跳出灰色提示框"实体│方向"(Solid/s│Direction/s),在 Solid/s 按钮背景为深色时点击选取立方体,接着点击 Direction/s 按钮,点击选取四方体的一条棱作为方向。这时界面上会跳出灰色对话框,实体上会出现一个同棱方向平行,另一个垂直于棱方向的两个白色箭头[见图 12-2(a)]。

拉动两个白色箭头,可在相应方向拉出实体,实体列数默认为 3,灰色对话框中实体列数默认值也为 3[见图 12-2(b)]。

当两个方向上默认的三列实体拉出后,在两个方向上分别会出现一个双箭头,拖动双箭头,可以增加减少该方向实体的列数,也可以在灰色对话框中直接输入实体列数[见图 12-2(c)]。

当两个方向上默认的三列实体拉出后,每个实体中心位置都有一个白色选项框,点击选项框中的对勾,可以将该位置实体去掉;再点击一次,实体又会出现[见图 12-2(d)]。

这是以实体立方体的棱为阵列方向(Direction/s),也可以在栅格面上另外画上一条直线[见图 12-2(e)、(f)],作为阵列方向,或者其他实体上的棱边作为阵列方向都可以。这样对球、圆柱等没有棱边直线的实体,可以用其他直线作为阵列方向(Direction/s)。

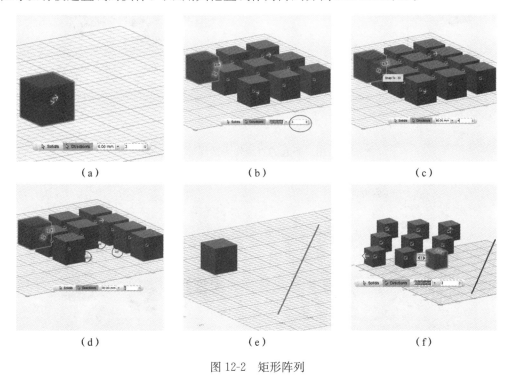

（a）　　　　　　　　　　（b）　　　　　　　　　　（c）

（d）　　　　　　　　　　（e）　　　　　　　　　　（f）

图 12-2　矩形阵列

12.2　圆周阵列(Circular Pattern)

向栅格平面插入一个立方体,用多段线画一条直线,并用移动旋转工具将直线竖起同栅格平面垂直,点击圆周阵列工具按钮。

界面上会出现一灰色提示条"实体|轴"(Solid/s|Axis)。

在 Solid/s 按钮背景为深色时点击选取立方体,接着点击 Axis 按钮,接着点击直线作为旋转轴[见图 12-3(a)、(b)]。

也可以在栅格面上画一圆环,点击圆环以圆环圆心为旋转轴[见图 12-4(a)、(b)];还可以在栅格面上插入主圆柱体,点击圆柱体,以圆柱体圆心为旋转轴[见图 12-5(a)]。实际上,选取实体后,直接在栅格面上任意一点点击一下,就会在这一点自动竖起一条旋转轴。

实体阵列形成后,出现的选项方块,双箭头同前述矩阵阵列功能完全一样,不再赘述。

需要说明的是,大家注意到灰色工具条的右段有一个选项按钮,点击后里面有两个选项:Full 和 Angle。选择 Full 选项,产生的阵列构成一完整的环。选择 Angle 选项,默认阵列构成半个环,拖动环末端的箭头,阵列环会放大或缩小,这时也可以直接在对话框中输入阵列环的角度[见图12-5(b)]。

　　无论是全圆周分布,还是分布在一定角度上,实体都会等间距平均分布。

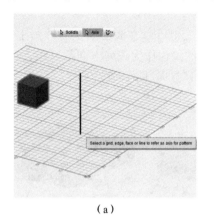
（a）

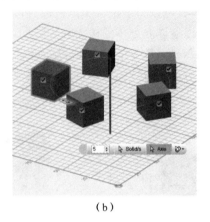
（b）

图 12-3　用一竖起的直线作为圆周阵列中心轴

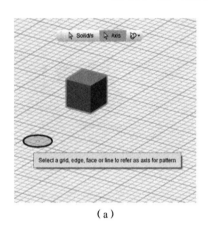
（a）

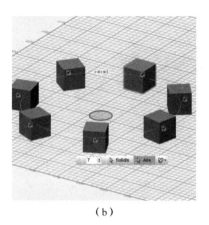
（b）

图 12-4　用一个圆的圆心作为圆周阵列中心

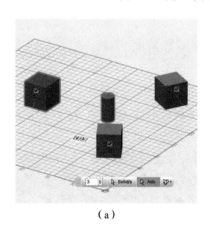
（a）

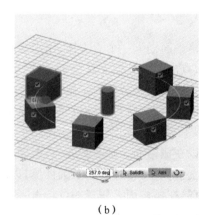
（b）

图 12-5　用一个圆柱体作为圆周阵列中心

12.3　路径阵列(Path Pattern)

路径阵列,顾名思义就是阵列沿一定路径排列,这路径可以是一条直线、曲线,也可以是一个环。下面我们来看看效果。

12.3.1　沿直线路径

向栅格平面上插入一个半径 5 mm,高 10 mm 的圆柱体,用移动旋转工具将其旋转到栅格平面上。

用多段线工具在圆柱前画一条直线[见图 12-6(a)]。

点击阵列工具条中路径阵列按钮。界面上会跳出一灰色提示条"实体|路径(Solid/s|Path)",在灰色提示条 Solid/s 按钮背景为深色时点击选取圆柱体,接着点击路径 Path 按钮,再点击选取直线,直线上会出现一白色箭头[见图 12-6(b)]。

拖动直线上白色箭头,或直接在提示条对话框中输入长度数值。就会有实体沿直线排列出来,同前面一样,这时可以拖动路径直线上的双箭头,增加或减少拖出的圆柱体个数。点击白色小选项方块,可以去掉该位置的圆柱体,再点击圆柱体又重新出现在该位置。

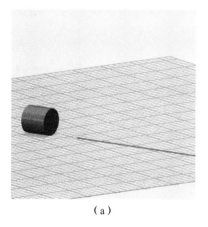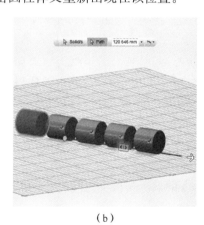

（a）　　　　　　　　　　　　　　　　　（b）

图 12-6　沿直线路径阵列

12.3.2　沿曲线路径

向栅格平面上插入一个半径 5 mm,高 10 mm 的圆柱体,用移动旋转工具将其炫转到栅格平面上。

用样条线工具在圆柱前画一条曲线[见图 12-7(a)]。

点击阵列工具条中路径阵列按钮。界面上会跳出一灰色提示条"实体|路径(Solid/s|Path)",在灰色提示条 Solid/s 按钮背景为深色时点击选取圆柱体,接着点击路径 Path 按钮,再点击选取曲线,曲线上会出现一白色箭头。

拖动曲线上的白色箭头,或直接在提示条对话框中输入长度数值。就会有实体沿直线排列出来,同前面一样,这时可以拖动路径上的双箭头,增加或减少拖出的圆柱体个数。点击白色小选项方块,可以去掉该位置的圆柱体,再点击圆柱体又重新出现在该位置[见图 12-7(b)]。

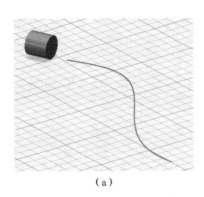
（a）

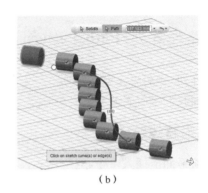
（b）

图 12-7　沿曲线路径阵列

12.3.3　沿环状路径

向栅格平面上插入一个半径 5 mm，高 10 mm 的圆柱体，用移动旋转工具将其旋转到栅格平面上。

用样条线工具在圆柱前画一个任意的环。点击视图立方体，切换到上视图。使用移动旋转工具，将圆柱底面转到环线相切。

点击阵列工具条中路径阵列按钮。界面上会跳出一灰色提示条"实体｜路径（Solid/s｜Path）"，在灰色提示条 Solid/s 按钮背景为深色时点击选取圆柱体，接着点击路径 Path 按钮，再点击选取环线，环线上会出现一白色箭头。

拖动环线上的白色箭头，或直接在提示条对话框中输入长度数值。就会有实体沿环线排列出来，同前面一样，这时可以拖动路径上的双箭头，增加或减少拖出的圆柱体个数。点击白色小选项方块，可以去掉该位置的圆柱体，再点击圆柱体又重新出现在该位置（见图 12-8）。

大家注意到，在灰色提示条右边，有一个选项按钮，这里有两个选项：同一（Identical）和路径方向（Path Direction）。

图 12-8 的效果是选项为同一（Identical）时的效果，拖出来的圆柱体方向都同原来的圆柱体方向保持一致。

如果将这个选项改成路径方向（Path Direction），这时我们发现，圆柱体都和原来的圆柱体一样，改变成底面同其最近的环线相切，当环线路径方向不一样时，其方向也不一样（见图 12-9）。

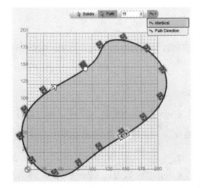

图 12-8　沿环状路径选择 Identical 选项

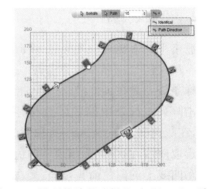

图 12-9　沿环状路径选择 Path Direction 选项

前面的沿直线和曲线路径的阵列,也同样有这两个选项,大家不妨自己亲自动手试试看这两个选项效果有什么不一样。

12.4　镜像(**Mirror**)

镜像很好理解,如同照镜子,当选定一个实体,同时选定一个镜像平面时,就会在平面的另一边生成一个同原实体呈镜像的的新实体。

前面的章节中我们已经学习了草绘图形中线条的镜像,这里我们来看实体镜像。

向栅格平面上插入一个立方体和一个四棱锥[见图 12-10(a)]。

点击阵列工具下级子工具条中实体镜像按钮,界面上会出现灰色提示条"实体|镜面(Solid/s|Plane)"。

在提示条 Solid/s 按钮背景为深色时点击选取四棱镜作镜像对象,接着点击立方体的一个面作为镜像平面参考,如图 12-10 所示。

图 12-10(b)为以立方体左侧面为镜像平面参考、图 12-10(c)为以立方体前侧面为镜像平面参考、图 12-10(d)为以立方体上底面为镜像平面参考分别得到的镜像。

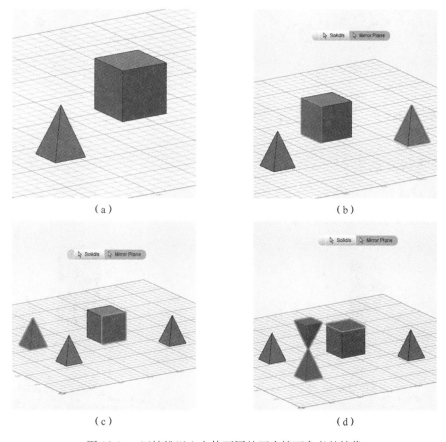

图 12-10　四棱锥以立方体不同的面为镜面参考的镜像

四棱锥还可以以其自身的面作为镜像平面参,也可以以一条直线作为镜像平面参考。当选择一条直线作参考时,会自动生成一个过该直线的面作为镜像平面。

向栅格平面插入一四棱锥,用移动旋转工具将四棱锥向上拉离平面。点击镜像工具,选择四棱锥为镜像对象,再选择四棱锥下底面为镜像平面参考(见图 12-11)。

向栅格平面插入一四棱锥,用移动旋转工具将四棱锥向上拉离平面,用多段线工具在栅格平面上画一条直线。点击镜像工具,选择四棱锥为镜像对象,再选择栅格上的直线作为参考。这时过直线会自动生成一个参考平面,红框显示,同时在红框另一侧生成了同原四棱锥一模一样的一个镜像(见图 12-12)。

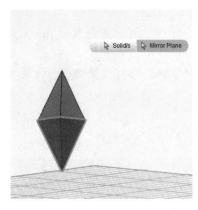

图 12-11   以四棱锥底面为镜面参考

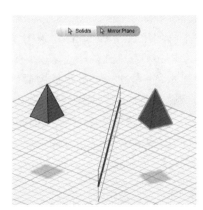

图 12-12   以栅格面上的一条直线为镜面参考

12.5 实例——飞机发动机,轴承

12.5.1 飞机发动机

向栅格平面上插入一半径 6.3 mm,高度 21.6 mm 的圆柱体(见图 12-13)。使用倒圆角工具,将圆柱体上下底面边倒圆角,圆角半径 2 mm(见图 12-14)。

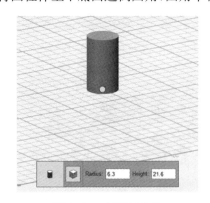

图 12-13   创建圆柱体

图 12-14   倒圆角

向栅格平面上插入一半径为 22.5 mm 的球体(见图 12-16)。点击选择球体,在跳出的对话框中选择缩放(Scale)工具,这时跳出缩放(Scale)工具的对话框,这里有两个选项一致(Uniform)和不一致(Non Uniform)(见图 12-15)。我们选择 Non Uniform,然后修改 X、Y 缩放比例为 0.27(见图 12-17)。

图 12-15　缩放方式选项

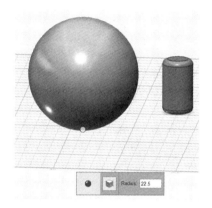

图 12-16　创建一个球体

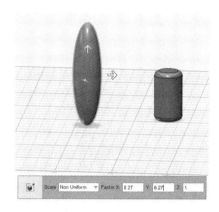

图 12-17　缩放球体

选择两个实体,使用对齐(Align)工具(见图 12-18),将两个实体对齐合到一起(见图 12-19)。

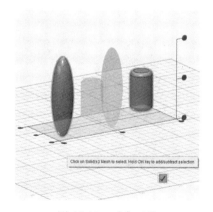

图 12-18　对齐工具

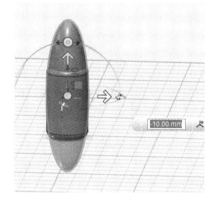

图 12-19　将两个实体合到一起

向栅格平面上插入椭圆,设定和半长轴 10,半短轴 0.85[图 12-20(a)]。使用拉伸(Extrude)工具拉出一高度 29 mm 的实体[见图 12-20(b)]。

使用对齐工具,将实体移到圆柱体中间作为叶片[见图 12-20(c)、(d)]。

选取叶片,按键盘 Ctrl＋C 复制,然后按 Ctrl＋V 粘贴,如图 12-21 所示(a)。拖动操作器双箭头,将复制得到的叶片旋转 90 度[见图 12-21 所示(b)]。

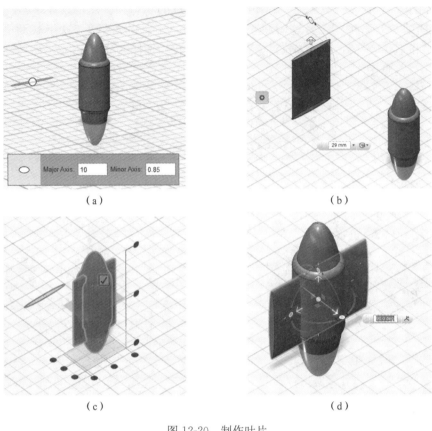

图 12-20　制作叶片

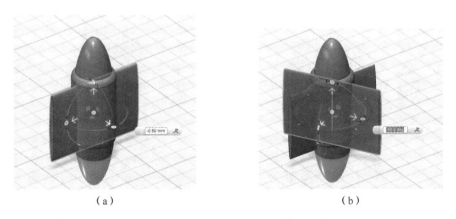

图 12-21　制作同前一片相互垂直的叶片

　　重复以上动作,向栅格平面上插入椭圆,设定半长轴 2.6,半短轴 0.23,使用拉伸(Extrude)工具拉出一高度 14 mm 的实体[见图 12-22(a)、(b)]。

　　使用对齐工具,将实体移到圆柱体中间[见图 12-22(c)],然后使用拖动旋转工具将叶片放置好,角度调节好[见图 12-22(d)、(e)、(f)]。

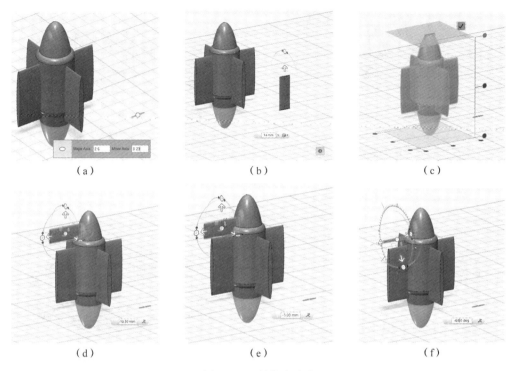

图 12-22　制作小叶片

使用圆周阵列工具,绕圆柱体复制出四个一样的叶片(见图 12-23)。

隐藏草绘轮廓,加上颜色,发动机就完成了(见图 12-24)。

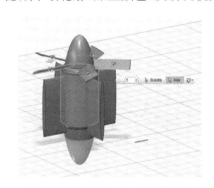

图 12-23　利用阵列工具复制叶片

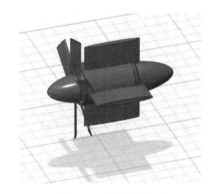

图 12-24　发动机完成

12.5.2　轴承

向栅格平面上插入一个辅助立方体[见图 12-25(a)]。使用草绘多段线工具和圆环工具在立方体侧面画一个[见图 12-25(b)]尺寸的 2D 草图,并删除辅助立方体。

向栅格平面插入一辅助立方体,并修改尺寸到如图所示(见图 12-26)。使用构建(Construct)工具中的旋转(Revolve)工具,选取图 12-25(b)所示的 2D 草图作为旋转对象,以立方体一条棱为旋转轴,旋转 360 度(见图 12-27),删除做旋转轴用的辅助立方体。

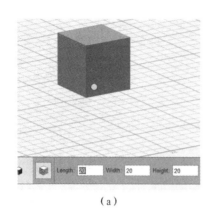

（a）

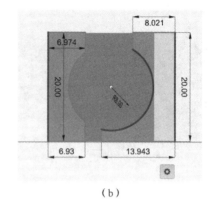

（b）

图 12-25 草绘轴承内外圈截面

图 12-26 以辅助立方体一条棱为旋转轴

图 12-27 旋转创建轴承内外圈

插入一球体，并使用移动旋转工具将小球移动草图轮廓线的位置，切换不同视图，反复调整到小球位于草图中心圆靠下沿的位置（见图 12-28）。

使用圆周阵列（Circular Pattern）工具，对小球做圆周阵列，圆环中心轴线作为阵列轴心（见图 12-29）。

隐藏草图轮廓线，添加材质，轴承完成。

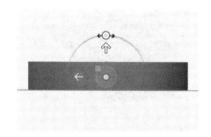

图 12-28 创建一个小球作为滚珠

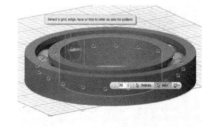

图 12-29 作小球的圆周阵列

本章小结

本章学习了阵列和镜像工具，内容不难也好理解。

到此我们建模的很多工具都已经学到了，现在大家已经能把自己的想法和设计通过 3D 建模，以及 3D 打印机变成可以拿在手上的一个实物了。

第 13 章　成组

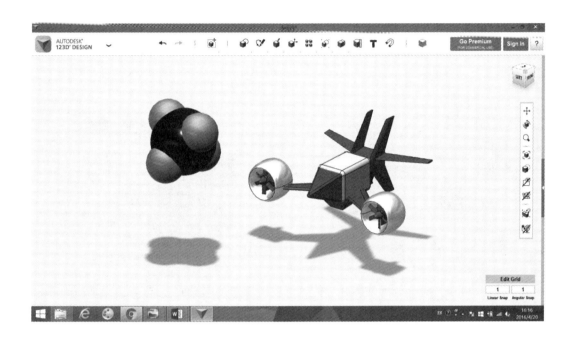

13.1　成组,解组,全部解组

成组顾名思义,就是把两个或多个对象组合到一起,就如同学们分班分组一样,这样更方便对对象进行管理和操作。

当然要注意,成组后的各个对象其实还是相互独立的,同前面学习的布尔运算"并"不一样,成组后的对象并没有合并成一个实体,只是归为了一组,而布尔运算"并"是将对象结合成了一个新的实体。当我们对一个组进行移动、旋转等操作时,组内所有对象都会一致移动、旋转。

在主工具条组(Grouping)工具的下级子工具条中,有成组(Group(Ctrl＋G))、解组(Ungroup(Ctrl＋Shift＋G))、全部解组(Ungroup All)三个功能按钮(见图 13-1)。

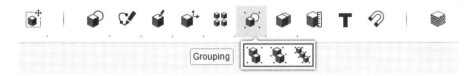

图 13-1　组工具

13.1.1　成组(Group)快捷键 Ctrl＋G

向栅格平面上插入立方体、球体、圆柱体、圆锥体和圆环体(见图 13-2)。

　　我们可以将这五个对象进行成组操作,点击组(Grouping)工具的下级子工具条中成组(Group(Ctrl＋G))按钮,或者直接按键盘快捷键 Ctrl＋G,然后选择要成组的对象。

　　我们先依次点击选取圆锥体和圆环体,这两个对象周围就出现了绿色线条,表示已经选中,然后点击界面任意位置确认,这两个对象就组成了一个组。这时,我们可以使用移动旋转工具,将这两个对象提升一定的高度(见图 13-3)。当几个对象成组后,我们点击其中的任何一个,组内所有对象都被选中;对任意一个对象进行移动、旋转等操作时,组内所有对象都会同时移动、旋转。

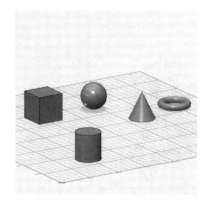

图 13-2　创建多个实体

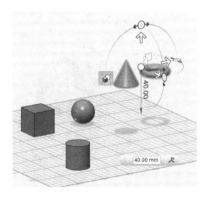

图 13-3　将圆锥和圆环成组并提升

　　下面我们再将立方方体,圆柱体和球体进行成组操作。同上面一样,点击组(Grouping)工具的下级子工具条中成组(Group(Ctrl＋G))按钮,或者直接按键盘快捷键 Ctrl＋G,然后选择要成组的三个对象,点击界面任意位置确认,这三个对象就组成了一个组。

　　我们可以用移动旋转工具,对这三个对象构成的组进行旋转(见图 13-4)。

　　这里我们就有了两个组,这两个组还可以进一步组成一个大组。操作方法同前面一样,点击成组(Group(Ctrl＋G))按钮,或者直接按键盘快捷键 Ctrl＋G。然后点击选取这两个组中的任何一个对象。比如我们点击圆柱体和圆锥体,这时,这两个对象所在的这两个组全部被选中了,这时点击界面任意位置确认,这两个小组就组合成了一个大组。

　　我们可以使用移动旋转工具点击其中任何一个对象,然后向上提升,我们发现所有的对象都一致向上提升了一定的距离(见图 13-5)。

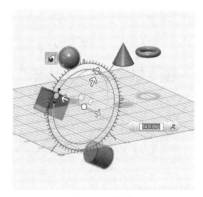

图 13-4　旋转组

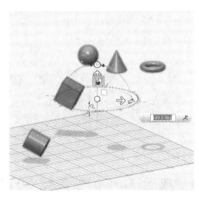

图 13-5　将两个组进一步合成大组

13.1.2　解组(Ungroup)快捷键 Ctrl＋Shift＋G

有了成组,必然要有解组的办法。我们选择上面组成的这个大组,点击组(Grouping)工具的下级子工具条中的解组(Ungroup (Ctrl＋Shift＋G))按钮,或者直接按键盘上的快捷键 Ctrl＋Shift＋G。我们试试是不是解组了,点击圆柱体,我们发现立方体,圆柱体和球体这三个对象都被选中了。如果旋转圆柱体,我们发现立方方体,圆柱体和球体这三个对象都一道旋转,但圆锥体和圆环体还在原位保持不动(见图 13-6)。

我们对圆柱体,再做一次解组操作。这里我们发现先选取圆柱体,再移动圆柱体时,立方体和球体也保持在原位不动了(见图 13-7)。

从以上操作可以看出,我们对这个大组解组时,先解开了大组,两个小组还是保持成组状态。如果要解组小组,还得继续进一步对小组进行解组操作。这说明,成组是有层级的,当我们使用解组(Ungroup)工具对对象进行解组操作时,得一层一层地进行解组,先大组,然后再对小组一一进行解组。只有所有的小组都解组完,组中各个对象才可以进行分别移动旋转等操作而不再影响其他对象。

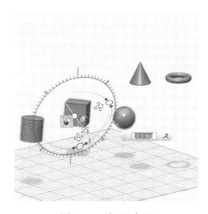

图 13-6　解组大组

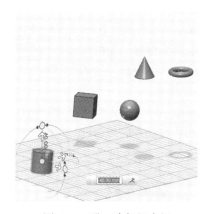

图 13-7　进一步解组小组

13.1.3　全部解组(Ungroup All)

成组要一个一个进行,解组也得一个一个进行。有没有更方便的解组方法? 有的,这里有一个叫全部解组(Ungroup All)的功能按钮(见图 13-8)。我们选定刚才组成的这个大组中任一对象,比如圆柱体,然后点击组(Grouping)工具的下级子工具条中全部解组(Ungroup All)按钮。我们再来选择球体移动一下看看,我们发现球体移动了,但其他对象都在原位保持不动(见图 13-9)。

全部解组工具,能让所有层级的组一次性全部解组,全部解组后所有的对象都可以单独进行操作了。

成组、解组和全部解组并不难理解,只要注意一下,组可以分层级,这样就能灵活地运用成组和解组工具对对象进行成组和解组,便于我们对对象进行操作和管理。

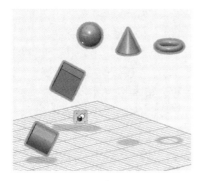 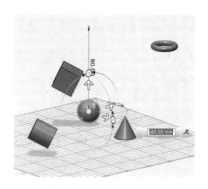

图 13-8　全部解组工具　　　　　　　　　　　图 13-9　全部对向解组

13.2　实例——甲烷分子模型，装配飞机模型

13.2.1　甲烷分子模型

甲烷分子比例模型中，有五个球体，中心一个大球体代表碳原子，另外四个小球体代表氢原子。

这个例子选择了正确的方法做起来并不难，需要使用成组工具，如果不使用成组工具，要做出来还真的不容易。因为要将四个代表氢原子的小球等距离分布到大球的表面，只靠移动工具，非常困难。

向栅格平面上插入一半径 12 mm 的球体代表氢原子[见图 13-10(a)]，再插入一立方体作为辅助工具提供方向参考[见图 13-10(b)]。

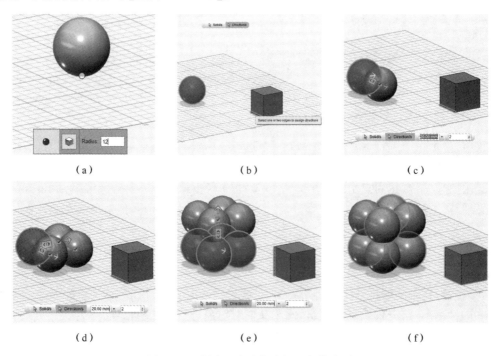

（a）　　　　　　　　　　（b）　　　　　　　　　　（c）

（d）　　　　　　　　　　（e）　　　　　　　　　　（f）

图 13-10　创建八个球构成的立方体阵列

使用矩形阵列(Rectangular Pattern)工具,将这个球体变成八个同样的球体构成的立方体的阵列[见图 13-10(c)、(d)、(e)、(f)]。

我们知道,甲烷只有四个氢原子,但上面形成了八个球体,多了四个得删掉。删掉哪四个,这个要注意,不可以随便删。我们知道,甲烷中四个氢原子处于分子四面体的四个顶点上,是相互之间是等距离的。有了这一点认识,相信大家知道该删掉哪四个球了。我们将多出来的四个球体删去,剩下四个球代表甲烷分子中四个氢原子。

使用成组(Group)工具,将四个球体组成一个组(见图 13-11)。然后再向栅格平面上插入一个半径为 20mm 的大球体代表碳原子(见图 13-12)。

图 13-11　将删剩下的四个球组成组

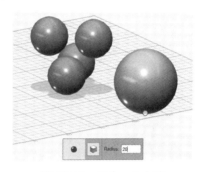

图 13-12　创建一个大球

使用对齐(Align)工具,将刚插入的大球加到四个小球的中心位置(见图 13-13)。然后分别给中心的大球和四个小球加上颜色,甲烷分子比例模型就做成功了(见图 13-14)。

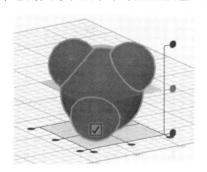

图 13-13　运用对齐工具

图 13-14　甲烷分子比例模型完成

到此,我们已经把第三章开始的飞机模型的各个部分都做完了,也学习了进行模型装配常用的辅助工具如分组、对齐和捕捉等。我们已经可以对一个模型进行装配了。

13.2.2　装配飞机模型

这一个实例,是将自己做的飞机模型给装配出来。

1) 导入模型

模型的导入,前面我们学习心形挂坠时,已经做过一次,这里再温习一下。

点开 123D Design 菜单条,选择导入(Import...)→3D 模型(3D Model),从跳出的对话框中选择浏览我的电脑(Browse My Computer)选项卡,点击浏览(Browse)按钮,从弹出的对话框中逐一找到飞机模型的每一个部件,点击打开(O)按钮导入。

将所有部件都导入 123D Design 后,转动视图,这些模型都能看到,但排列杂乱无章并无规律(见图 13-15)。

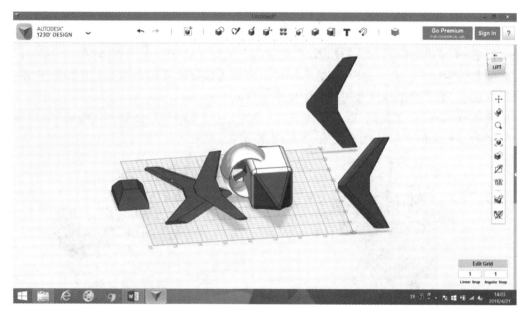

图 13-15　导入已经做好的飞机各部件模型

2) 分组

为了便于移动和装配操作,下面我们来进行分组。将机身的三个部分作为一组,发动机及其外壳作为一组,尾翼作为一组。

(1) 机身。点击成组(Group(Ctrl+G))按钮,或直接按键盘上的快捷键。逐一点击选取机身的三个部分,点击界面的任意位置确认。然后使用移动旋转工具,将机身提高到一定高度(见图 13-16)。

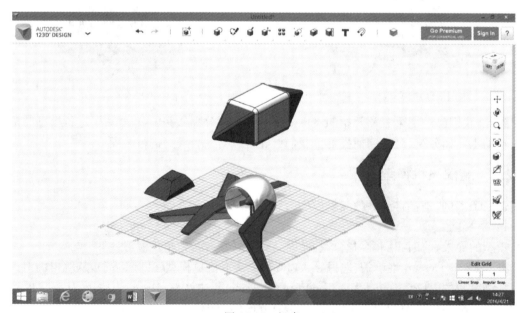

图 13-16　机身

（2）发动机。使用对齐（Align）工具，将发动机和外壳的相对位置调整好，然后将这两个部分结合成组。

并用移动旋转工具拖到一边待用（见图 13-17）。

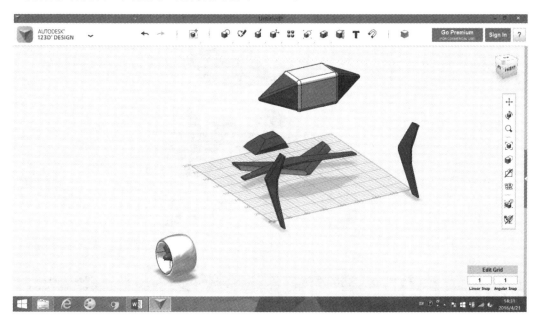

图 13-17　发动机

（3）尾翼。使用捕捉工具，将两片竖立的尾翼面对面合到一起，然后拖动白色箭头，再将两片拉开相距 30.357 mm，使用成组工具合成一组（见图 13-18）。

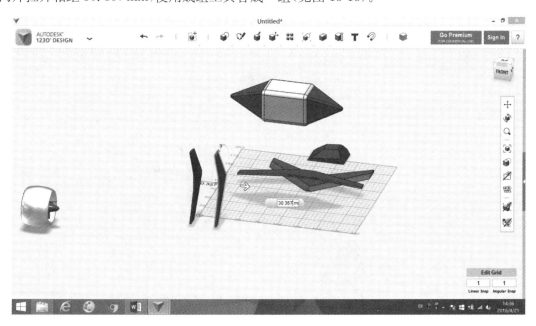

图 13-18　竖立的尾翼

再使用对齐工具,将两片竖立的尾翼同一片横着的尾翼对齐,并用移动旋转工具进一步调整好位置,再使用成组工具合成一个大组,构成完整的尾翼(见图13-19)。

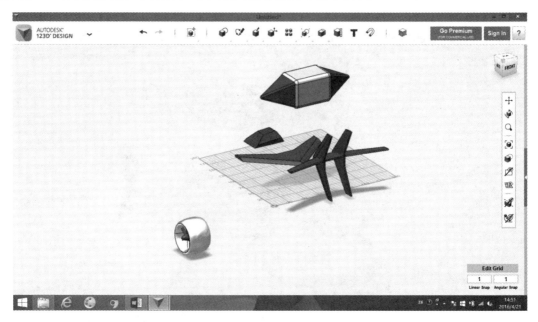

图 13-19　完整的尾翼

3) 装配

使用移动旋转工具将机翼旋转 90 度,再使用对齐工具将机翼同机身对齐,再使用移动旋转工具将机翼移动到合适的位置(见图13-20)。

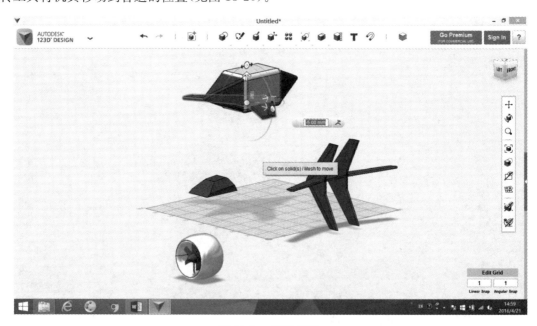

图 13-20　装配机翼

　　使用吸附工具,将起落架仓安装到机身下面。使用移动旋转工具,将发动机移动安装到一边机翼末端(见图 13-21)。

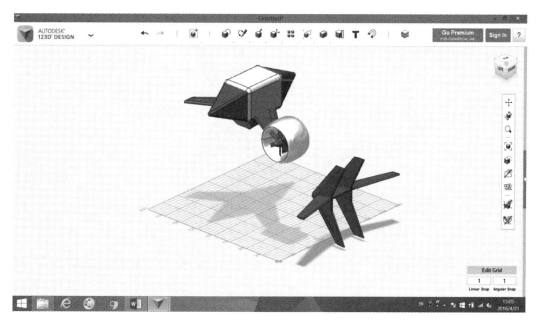

图 13-21　装配发动机

　　使用多段线工具,画一条直线连接机身在栅格面上投影的两三角形顶点。

　　以这条直接为镜像平面参考,做发动机镜像(见图 13-22)。

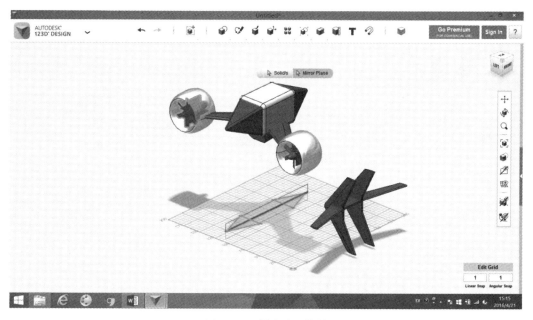

图 13-22　做发动机镜像

　　使用移动旋转工具,将机尾旋转 90 度,然后移动调整到飞机尾部适合的位置,整个飞机就装配完成了(见图 13-23)。

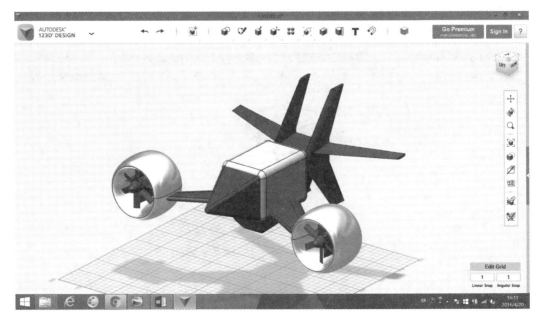

图 13-23　飞机模型完成

本章小结

本章我们学习了成组工具对模型部件进行管理，还学习了如何将模型装配成一个完整的模型。

对一些复杂的模型，我们常常可以先分成一部分一部分做出来，然后再进行拼装，也即所谓的装配，这是做复杂模型的一个思路。

第 14 章　几个工具

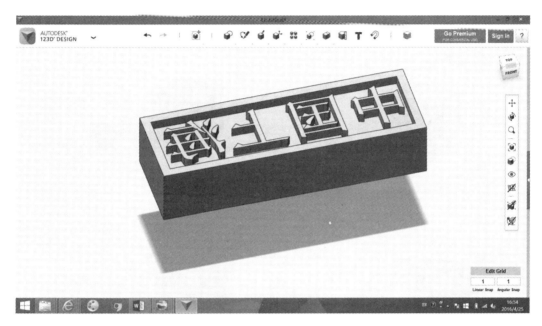

在主工具条变换(Transform)工具下级子工具条中,有对齐(Align(A))、智能缩放(Smart Scale(Ctrl＋B))、缩放(Scale(S))、标尺(Ruler(R))、智能旋转(Smart Rotate)这几个功能按钮。其中对齐(Align(A))和缩放(Scale(S))工具在前面章节中我们已经学习过(见图14-1)。

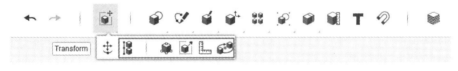

图 14-1　变换工具

在主工具体中还有测量(Measure)、文字(Text(T))工具(见图14-2)。

图 14-2　测量和文字工具

14.1　对齐,智能缩放,缩放,智能旋转

14.1.1　对齐(Align)快捷键 A

对齐工具在前面的章节中我们已经反复使用过。这是个很有用的工具,在对多个对象进

行对齐位置时很好用,在装配时也经常会使用这个工具。

向栅格平面插入一个 40×40×40 mm 的立方体,再插入一半径为 10 mm 的球体。

点击对齐(Align)按钮或直接按快捷键 A,然后用鼠标左键拖动框选立方体和球体;或者先用鼠标左键拖动框选立方体和球体,再点击对齐(Align)按钮或直接按快捷键 A,这时两对象周围会出现一个操作器[见图 14-3(a)]。当我们用鼠标指向黑色线框末端的一个黑点时,该黑点和线框就会变红色,离该线框较远的对象相应地就会向该线框移动。双击黑点,移动确认[见图 14-3(b)、(c)、(d)]。

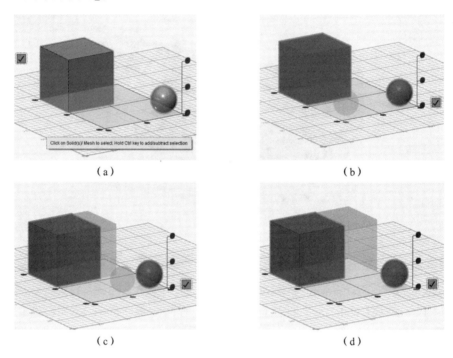

图 14-3　对齐操作

所以在这个例子中,如果要将球移动到立方体的中心位置,只要双击三个线框中间那个黑点就行了,对齐后点击绿色方块确认退出对齐操作状态[见图 14-4(a)]。

确认后我们看不到球体了,球体在立方体中心位置吗? 我们可以在导航条的显示模式菜单中选择只显示轮廓线(Outlines Only),就能清楚地看到球体在立方体中心位置[见图 14-4(b)]。

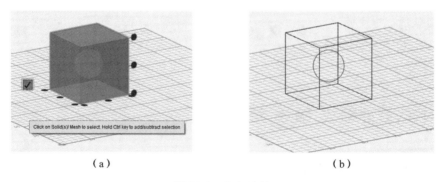

图 14-4　中心对齐

14.1.2　智能缩放(Smart Scale)快捷键 Ctrl＋B

　　向栅格平面插入一个球体,然后点击智能缩放(Smart Scale)或快捷键 Ctrl＋B,点击选取球体;或者先选取球体,再点击智能缩放功能键。球周围会出现一个笼状框,标示出三维尺寸[见图 14-5(a)]。

　　用鼠标在数字上点击一下,就会跳出一个文本输入框,可以直接将放大或缩小后的尺寸填写在文本框中,回车确认[见图 14-5(b)]。

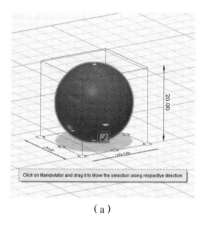

（a）

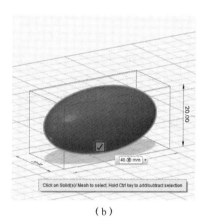

（b）

图 14-5　智能缩放

14.1.3　缩放(Scale)快捷键 S

　　(1) 向栅格平面上插入一个球体。

　　(2) 点击缩放(Scale)按钮或快捷键 S,点击选取球体。这时界面上会跳出一灰色对话框,对话框缩放比例(Scale)中有两个选择,一致缩放(Uniform),非一致缩放(Non Uniform)。

　　(3) 默认为一致缩放,这时球体上会出来一白色箭头。我们可以拖动箭头,或者直接在后面的对话框中输入缩放比例,球体在 X、Y、Z 三个方向上就会等比例缩放[见图 14-6(a)]。

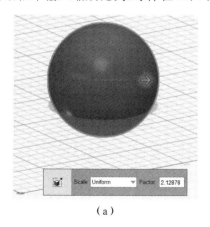

（a）

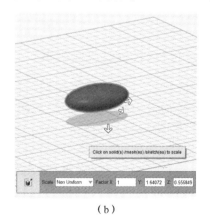

（b）

图 14-6　缩放

（4）如果将缩放比例（Scale）中选择非一致缩放（Non Uniform），对话框中会出现三个文本输入框，球体上出现指向三个方向的白色箭头。这时可以直接填写 X、Y、Z 三个方向上的缩放比例，也可以分别拖动三个方向的白色箭头，就能实现 X、Y、Z 三个方向上不同比例的缩放［见图 14-6(b)］。

14.1.4　智能旋转（Smart Rotate）

（1）向栅格平面上插入一个立方体和一个球体；

（2）点击智能智能旋转（Smart Rotate），界面上出现一灰色提示条"Face｜Solids/Mesh/es"，在提示条 Face 按钮背景为深色时，点击选取立方体的上底面；

（3）再点击 Solids/Mesh/es 按钮，点击选取球体，这时立方体上底面上出现一个向上的白色箭头，底面平面上出现一个环，环上有双箭头［见图 14-7(a)］。

（4）拖动双箭头，球体就会以立方体上底面的白色箭头为旋转轴旋转，也可以直接向提示条文本框中输入旋转角度［见图 14-7(b)］。

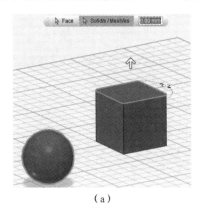
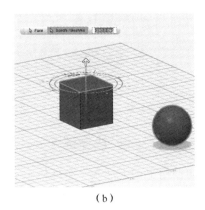

（a）　　　　　　　　　　　　　　　　　（b）

图 14-7　智能旋转

14.2　标尺，测量

14.2.1　标尺（Ruler）快捷键 R

向栅格平面上插入一个 $20\times20\times20$ mm 的立方体和一个 $10\times30\times50$ mm 的四方体。

点击标尺（Ruler）或快捷键 R，界面上会出现一个直角的标尺，标尺直角的顶角上有一白色圈，用白色圈捕捉到立方体的一个顶角顶点，该顶点相当于坐标原点。接着点击选取另一个四方体，这时立方体和四方体的尺寸，以及四方体到原点的直线距离都自动标示出来了。

注意界面上还有一个灰色提示框，提示框中有三个选择，分别是：最小距离（Min Distance），中点距离（Midpoint），最大距离（Max Distance）。

选择最小距离时，图上标出的是四方体离原点最近的点到原点的距离［见图 14-8(a)］；

选择中点距离时，图上标出的是四方体中心点离原点的距离［见图 14-8(b)］；

选择最大距离时，图上标出的是四方体离原点最远的点到原点的距离［见图 14-8(c)］。

该功能按钮还有一个用途，点击表示立方体和四方体之间距离的线段上的数字，该数字会变成一个文本对话框,直接在对话框中输入距离,可对两实体之间的距离进行修改调整[见图14-8(d)]。

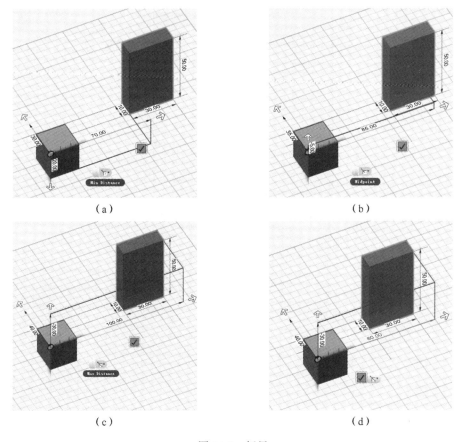

图 14-8   标尺

14. 2. 2   测量(Measure)

在主工具条上有一测量(Measure)工具,可用来即时测量 2D 图形中图元对象的长度、距离、角度、面积,也可以用来即时测量 3D 图形图元对象的长度、距离、角度、面积、体积等参数。准确测量这些参数对 3D 建模很重要,尤其在做一个复杂模型时,我们对每一部分的大小尺寸都要做到心中有数。

点击测量(Measure)工具,界面上会跳出如下标签(见图 14-9)。

根据你选择对象的不同,测量结果会按对象的不同自动显示不同的测量结果:即长度、角度、面积和体积。

1)测量 2D 图形

将界面切换到上视图,向栅格平面上插入一个圆和一个五边形。

选择圆周和五边形的一条边。测量标签上显示出圆①到五边形边②的最近距离,圆①周长、半径,五边形边②长度(见图 14-10)。

选择圆和五边形的面。测量标签上显示出圆面①到五边形面②的最近距离,圆①面积、周长,五边形②面积、周长(见图 14-11)。

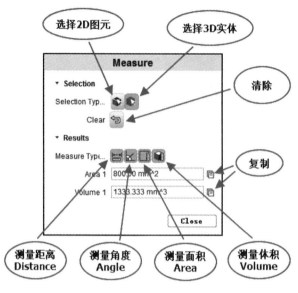

图 14-9   测量工具标签

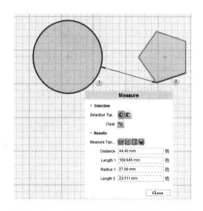

图 14-10   测量圆周和五边形的一条边

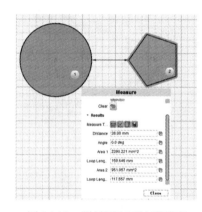

图 14-11   测量圆和五边形的面

选择五边形的两条边。测量标签上显示出五边形边①到五边形边②的最近距离,边①和边②的夹角、边度(见图 14-12)。

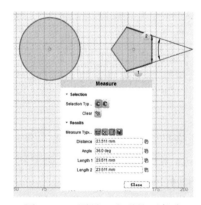

图 14-12   测量五边形的两条边

2）测量 3D 图形

向栅格平面上插入一个六棱锥。

选择六棱锥底面一条边①和一条棱②，测量标签上显示出两棱之间最短距离，两条棱夹角，两条棱的长度（见图 14-13）。

选择六棱锥侧面①和底面一条边②，测量标签上显示出面①和棱②之间的距离，面①和棱②夹角，面①的面积、周长，棱的长度（见图 14-14）。

图 14-13　测量棱锥棱和底边

图 14-14　测量棱锥侧面和底边

选择六棱锥侧面①和侧面②，测量标签上显示出面①和面②之间的距离，面①和面②夹角，面①的面积、周长，面②的面积、周长（见图 14-15）。

选择六棱锥整个实体，测量标签上显示出实体的面积和体积（见图 14-16）。

测量工具并不难用，大家多试几次，就知道什么时候需要用到它，怎么用它了。

图 14-15　测量棱锥两个侧面

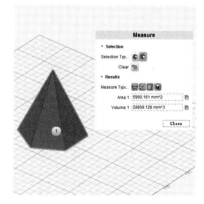

图 14-16　测量棱锥实体

14.3　文字

主工具条上黑色的"T"，就是文字工具按钮。

点击文字工具按钮，在栅格平面或其他的平面上点击一下，进入文字输入状态，再点击一下确认输入文字位置，界面上跳出文字输入/编辑对话框。

Text：输入文字；

Font：选择字体，如果输入汉字，必须选择汉字字体，否则不能正常显示；

Text styly：只有两个选项，粗体和斜体；

Height：高度，字大小；

Angle：字排列方向。

我们输入 Neobox 后，出现一个操作器。拖动操作器上的双箭头，可改变字排列方向，拖动白色方块，可自由移动字的位置。

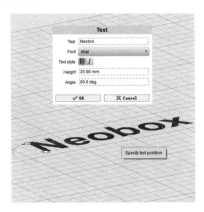

图 14-17　输入文字工具

点击文字对话框中 OK 按钮确认，文字输入/编辑对话框消失，退出文字输入状态。用鼠标点击字符的任何位置，文字变成黄色，界面上出来一齿轮工具条（见图 14-18），工具条中依次有：

Edit Text：编辑文字；

Move Text：移动文字；

Extrude Text：拉伸文字；

Explode：爆炸/打碎文字。

点击编辑文字（Edit Text），重新调出文字输入/编辑对话框，可对文字内容和字体进行修改。点击移动文字（Move Text）按钮，会出来一个移动旋转操作器，同对其他对象进行移动旋转操作完全一样，不再赘述。

我们选择第三个工具拉伸文字（Extrude Text）按钮，可以将文字拉伸成 3D 文字，同其他平面图形的拉伸效果一样（见图 14-19）。

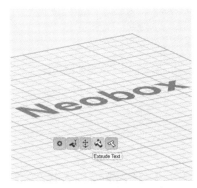

图 14-18　文字修改工具条

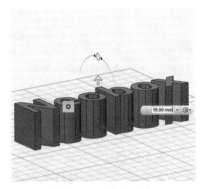

图 14-19　拉伸文字

　　我们再选择 Explode 按钮试试,这个词字面意思是爆炸,我感觉翻译为打碎文字可能更适合。

　　当我们点击文字,再在齿轮工具中点击 Explode 按钮。这时我们发现字符不再是完整的面,而是变成了蓝色的空心字,而且构成字符的蓝色线条和线条的拐点处可以点击选取,选取后可以进行拖动、移动等操作,使字按自己的意愿自由变形[见图 14-20(a)]。

　　文字经 Explode 操作后,变成了如同草绘工具画出的 2D 草图,前面我们学习过的将 2D 草图变成 3D 图形的各种工具和方法,都可以用来对 Explode 后的文字进行操作。这给了我们制作各种文字极大的自由度,可以尽情地发挥自己的想象力做出各种有创意的文字效果[见图 14-20(b)]。

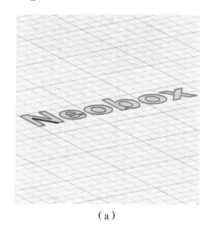 

（a）　　　　　　　　　　　　　　　　　（b）

图 14-20　打碎文字做出特效

　　使用文字工具,借助拉伸、布尔运算等工具,我们可以在实体上"雕"出凸起的阳文[见图 14-21(a)],也可以"刻"下凹陷的阴文[见图 14-21(b)]。

 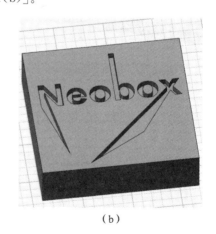

（a）　　　　　　　　　　　　　　　　　（b）

图 14-21　雕刻实体

14.4　实例——刻图章

　　（1）向栅格平面上插入长方体（见图 14-22）。

（2）使用文字工具，在上底面上插入"中国上海"四个粗宋体字（见图14-23）。插入汉字时，字体（Font）栏中要选择"宋体"或其他汉字字体，如果不小心选择了外文字体，会无法显示汉字，这一点要注意一下。

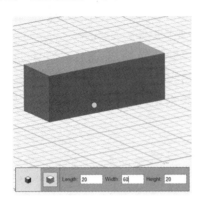

图14-22　创建长方体

图14-23　输入文字

（3）使用文字工具，将四个字拉伸到2mm高度（见图14-24）。

（4）用基本几何体中2D图形矩形工具，向四方体上底面上插入一个20mm×60mm矩形框（见图14-25）。

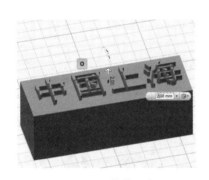

图14-24　拉伸文字

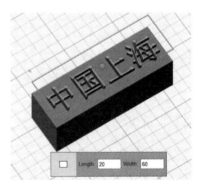

图14-25　插入矩形

（5）使用草绘工具下级子工具条中的轮廓偏移工具［见图14-26（a）］，将矩形向内移动2mm形成一个新的矩形［见图14-26（b）］。

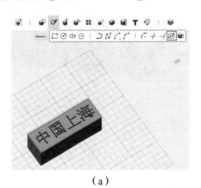

（a）

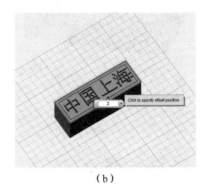

（b）

图14-26　利用轮廓偏移工具生成新的矩形

（6）选择两矩形框中间的区域面，使用拉伸工具，向上拉伸 2 mm（见图 14-27）。

（7）用布尔运算对文字和下面的四方体求并，获得一个正字的图章，这图章盖出来的字是反的（见图 14-28）。

图 14-27　拉伸矩形框

图 14-28　将文字同长方体合并

（8）向栅格平面上插入一个立方体，以立方体侧面为镜像参考平面做镜像，镜像上的字是反的，盖出来的字就成了正的，图章做成功了（见图 14-29）。

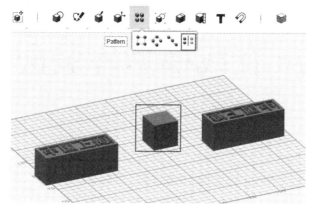

图 14-29　做镜像

本章小结

本章将最后几个工具学习完了，我们已经基本掌握了用 123D Design 软件建模的基本方法。软件只是一个工具，会用不等于能用好。要想用好它做出富有创意的作品，只有靠大家更多地反复去练习，随着经验的积累，大家做模型的能力肯定会不断提升。

第 3 编　利用 Autodesk 123D Design 在线模型库装配模型

第 15 章　自行车

123D Design 具有丰富的在线模型库，我们可以通过下载在线模型库中各种已经做好的部件，直接组装出我们想要的模型。本章我们学习两个例子，有兴趣的同学可以自行下载更多的部件组装出模型。

15.1　在线模型库

当我们进入 123D Design 工作界面后，在界面的右边有一个蓝色竖条，中间有一白色箭头，我们一直没有用到。点击箭头，在线模型库就展开了。这里有自行车、机器人、战舰等等各种模型部件供选择。我们选取想要的部件，直接拖到工作区栅格上就自动下载下来了。具体步骤如下：

（1）打开模型库（见图 15-1）。

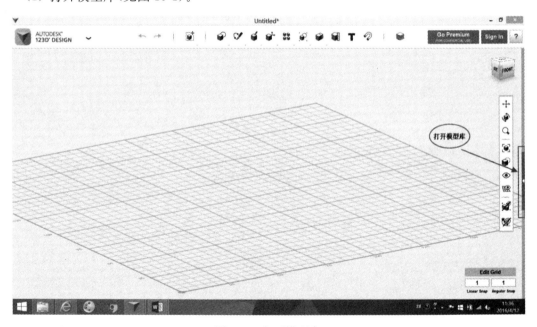

图 15-1　打开模型库

（2）选择模型（见图 15-2）。

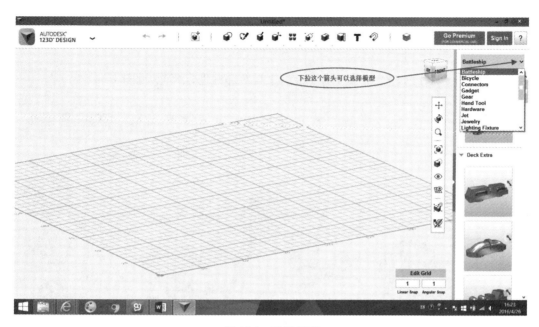

图 15-2　选择模型

15.2　自行车模型部件下载

（见图 15-3）

图 15-3　下载自行车模型部件

15.3　组装

（1）先将车架装配起来，使用吸附（Snap）工具对部件进行装配（见图 15-4）。

图 15-4　装配车驾

（2）继续使用吸附（Snap）工具，将车轮装上（见图 15-5）。

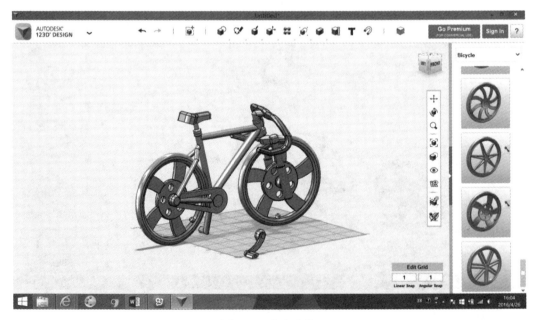

图 15-5　装配车轮

（3）下面来装脚踏板,但只有右侧一只,怎么办? 我们可以做一个脚踏板的镜像,做另一侧的脚踏板(见图 15-6)。

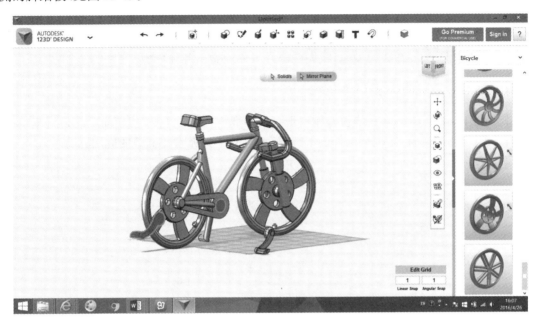

图 15-6　做脚踏板镜像

（4）继续使用吸附(Snap)工具,将两只脚踏板装配上,模型就装配完成了(见图 15-7)。

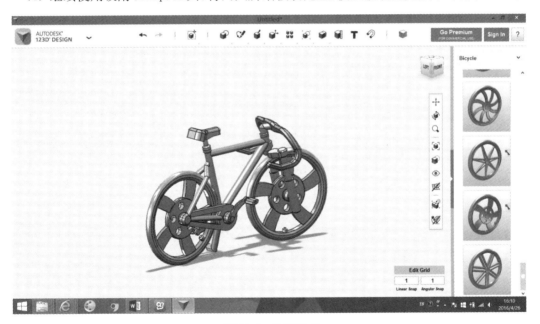

图 15-7　装配完成

　　装配这个自行车模型时注意到,123D Design 在线模型库中的模型部件多预留有一个圆面或多个圆面。装配时,我们总是先点击捕捉(Snap)工具,然后先后再依次点击要相互连接的两个部件上的圆面,这两个部件就以先后点击的圆面为接触面连起来了。所以,用 123D Design 在线模型库中的模型部件装配模型特别简单。

　　利用 123D Design 在线模型库,我们能非常方便地做出各种模型。

本章小结

　　本章利用 123D Design 在线模型库中现有模型部件,制作了一个比较简单的自行车模型。介绍了在线模型库的打开、模型部件的下载、模型装配工具吸附(Snap)的应用。

第16章　机器人

16.1　机器人模型部件下载

打开在线模型库,将机器人身体各个部件下载下来(见图 16-1)。

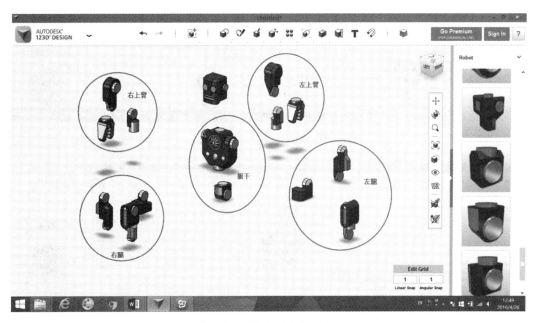

图 16-1　下载机器人模型部件

16.2　组装

(1) 使用吸附(Snap)工具将机器人头和身体装配到一起(见图 16-2)。

(2) 继续使用吸附(Snap)工具将机器人左上臂装配到一起(见图 16-3)。

(3) 继续使用吸附(Snap)工具将机器人左腿装配到一起(见图 16-4)。

(4) 继续使用吸附(Snap)工具将机器人右上臂和右腿装配到一起。同前面装配左边一样,一个部件一个部件来,整个机器人就装配完成了(见图 16-5)。

大家注意,在装配手臂和腿时,要有一定的空间想象力。想象出机器人在走路或做其他动作时,手臂和腿部大概处在什么位置,呈什么方向伸展,在装配时随时加以调整,这样装配出来的机器人看上去才有生气,显得更加逼真,有动感。

图 16-5 两张图,分别是从不同的视角观察装配好的机器人形象。

123D Design 在线模型库中还有很多种机器人的零部件,大家可以下载下来,自行装配。

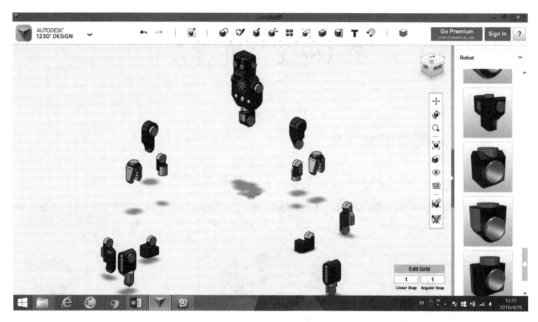

图 16-2　装配机器人头

图 16-3　装配机器人左上臂

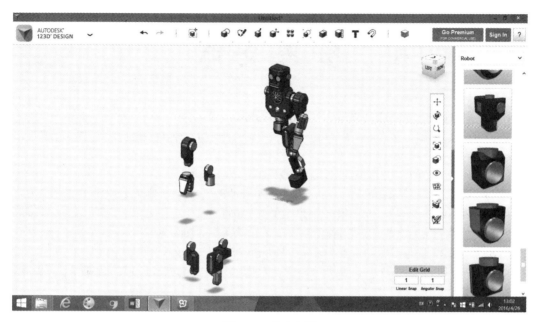

图 16-4　装配左腿

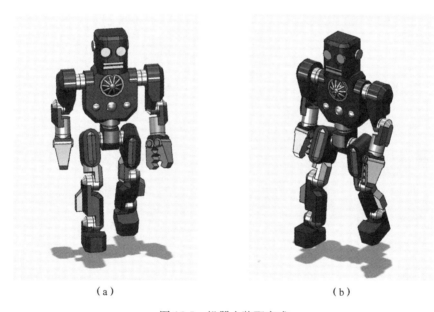

（a）　　　　　　　　　　　　　（b）

图 16-5　机器人装配完成

本章小结

本单元我们学习自行车，机器人两个模型的装配作为例子。

123D Design 在线模型库中有丰富的模型部件，有兴趣的同学，可以都一一尝试。一方面可以锻炼我们模型装配能力，另一方面学习别人设计模型的思路，也会为我们自己设计模型带来很好的启发。

参 考 文 献

［1］ 孙家广.计算机图形学［M］.北京:清华大学出版社,1995.

［2］ 彭宇,刘晓强,孙家广.三维几何造型系统工程图模块的设计［J］.计算机辅助设计与图形学学报,2002 (9).

［3］ 江燕."千家万套"争创三维 CAD 产业化［J］.现代制造,2003(13).

［4］ 孙家广.CAD 技术的发展趋势——开放,集成,智能,标准化［J］.计算机辅助设计与制造,1997(4).

［5］ 孙家广,陈玉健.几何造型中的数据结构［J］.计算机学报,1989(3).

［6］ 郭建,李绍彬.计算机三维造型设计教学方法初探［J］.高等建筑教育,2007(2).

［7］ 李朋阳,李昊,刘奥林.三维 CAD 技术在机械设计中的应用［J］.工业,2016(3).

［8］ 董未名,严冬明,周登文,孙家广.基于 CAD 模型的直接快速成型软件［J］.计算机辅助设计与图形学学报,2004(3).

［9］ 孙家广,辜凯宁.三维几何造型系统——GEMS［J］.计算机学报,1990(4).